U0187944

高等数学教学理念与方法创新研究

程艳 车晋 著

延邊大學出版社

图书在版编目（CIP）数据

高等数学教学理念与方法创新研究 / 程艳，车晋著
－－ 延吉 ：延边大学出版社，2022.6
ISBN 978-7-230-03350-3

Ⅰ．①高… Ⅱ．①程… ②车… Ⅲ．①高等数学－教学研究 Ⅳ．①O13

中国版本图书馆 CIP 数据核字(2022)第 092589 号

高等数学教学理念与方法创新研究

著　　者：程 艳 车 晋
责任编辑：王思宏
封面设计：品集图文
出版发行：延边大学出版社
社　　址：吉林省延吉市公园路 977 号　　　邮　　编：133002
网　　址：http://www.ydcbs.com
E-m a i l：ydcbs@ydcbs.com
电　　话：0433-2732435　　　　　传　　真：0433-2732434
发行电话：0433-2733056　　　　　传　　真：0433-2732442
印　　刷：北京宝莲鸿图科技有限公司
开　　本：787 mm×1092 mm　1/16
印　　张：9.5　　　　　　　　　字　　数：205 千字
版　　次：2022 年 6 月 第 1 版
印　　次：2022 年 8 月 第 1 次印刷
ISBN 978-7-230-03350-3

定　　价：68.00 元

前　言

　　高等数学是普通高等学校都会设置的一门重要的公共基础必修课。高等数学不仅对培养学生分析问题、解决问题和逻辑思维的能力有着重要的作用，还随着数学学科自身的发展与其他专业学科不断交叉融合，在文、史、理、工、农、医等专业领域不断地发挥作用。作为一门重要的公共基础必修课，高等数学不仅需要教师具有出色的教学水平，严谨清晰的逻辑思维能力，还需要学生对学习高等数学拥有饱满的热情、高度集中的精神，在环环相扣的演算与推理中加深对高等数学的理解。

　　在大多数新生眼中，高等数学是抽象的、是枯燥乏味的，这就要求教师在教学中结合教材适当增加一些有趣味性的内容。增加的内容应既可以扩大学生的知识面、开阔学生的眼界，又能够激发学生学习数学的兴趣和积极性。

　　近些年来，随着计算机技术的飞速发展，多媒体走进了课堂，极大地丰富了教师的教学方法和学生的学习方式。运用多媒体教学，优点在于可以使静态的知识动态化、抽象的知识具体化。高等数学中抽象、晦涩的数学公式和概念可以借助多媒体技术以直观有趣的方式呈现给学生，既提升了学生的学习兴趣，又丰富了教学形式，对推动高等数学教学的发展具有积极意义。

　　由于本人水平有限，时间仓促，书中的不足之处在所难免，望各位读者、专家不吝赐教。

目　录

第一章 高等数学教学概述

第一节 我国高等数学教学中存在的问题

一、概述

随着科学技术的迅猛发展，各门学科开始相互渗透，一些新产生的交叉学科呈现出越来越强的生命力。其中，数学是与其他学科交叉最多，知识渗透得最为广泛的一门学科。例如产生了生物数学、数量经济方法、数理语言学、定量社会学等学科，这些学科均需要大量运用数学知识解决本领域的问题，甚至文学、法学、政治学等学科也要借助数学模型进行更深层次的研究。新形势下迫切需要非数学专业的学生也具备较好的数学基础。高等数学的教学质量影响着学生的数学基础，学生的数学基础影响着社会劳动者的素质，而劳动者的素质影响着这个国家的经济发展水平和速度，所以高等数学的教学质量关乎着一个国家的发展。

为了让非数学专业学生拥有更强的数学能力，未来能够成为社会的高素质人才，从20世纪90年代开始，我国许多高校为经济管理学、文史哲学、法学、政治学等院系的学生开设了高等数学课。然而，随着越来越多的高校为非数学专业的学生开设了高等数学课，出现的问题也越来越多，例如许多学生（包括财经类学生和文史类学生）对高等数学的学习兴趣不高、不清楚所学知识如何应用、对数学畏惧、不及格率高等。调查发现，许多高校在开办高等数学课的过程中都会遇到一系列令其头痛的问题，其中最大的共性问题就是高等数学的不及格率非常高，多数在10%以上，部分高校的不及格率高达25%～35%，居高不下的不及格率已经成为困扰学生和教师的首要难题。为了尽可能让

1

学生通过考试，许多教师不得不逐年降低试题难度，有的高校甚至为往届重修生单独出题，但仍然有部分学生直到大四还是不能通过考试。

目前，这些问题已经引起了一些学者和教育工作者的关注，有些高校已经开始组建专门的高等数学教学队伍，希望通过团队的力量进一步提高高等数学的教学质量。然而，现有的对高等数学教学的研究大多只片面地关注了教育体制以及高校本身存在的问题，而忽略了学生以及中学的数学教学方式等重要影响因素。事实上，提高高等数学的教学质量绝不能仅靠高校，学生自身的学习态度、中学的教学方式、教材的质量以及教师的重视程度等都起着非常重要的作用。本节从学校和学生两方面分别总结了高等数学教学中的一些问题，并对这些问题进行逐一分析。

二、高等数学教学中存在的问题

（一）高校在开展高等数学教学过程中存在的问题

通过对国内一些知名高校的高等数学课程进行调研，可以发现几乎全校的非数学专业都开设了高等数学课（一般包括微积分、线性代数、概率论与数理统计三门课），并针对不同专业学生对数学的需求进行了分层教学，不同层次的学生使用不同的教材，设置不同的学时。这些高校的高等数学课大体可以分为以下几类：

教材内容由难到易依次为理工类（约 4 个学期课程）、经济管理类（约 4 个学期课程）、城市规划类（约 3 个学期课程）、医学类（约 2 个学期课程）、文史类（约 2 个学期课程），以及针对部分文科院系如艺术、外语等介绍数学思想、数学发展史的选修课（1 个学期课程）。然而，在调研中也发现各高校在开展高等数学的教学过程中存在着诸多问题，其中比较突出的共性问题有以下几点。

1.各高校普遍重科研而轻教学

为非数学专业学生开设高等数学课，目的是让更多的学生形成数学思维，学会用数学思维思考问题、用数学方法解决问题。因此，高等数学课，尤其非数学专业的高等数学课教学应该是一个动态发展的过程，是与社会发展紧密联系的过程。教师应根据学生的专业特点、知识储备情况等定期修改大纲，及时将数学的新应用和新成果加入课堂，让学生真正了解学习数学的意义。然而，由于越来越多的公众开始关注高校排名，使得许多高校都比较重视教师的科研能力，而忽略教学技能，导致许多教师把注意力放在了如何提高科研水平上，而没有精力去关注实际教学问题，更少有教师根据社会的发展及时增删教学内容。虽然许多高校对高数课采取了分层教学的形式，但是这种分层大多只是根据不同专业的学生对高等数学的不同要求，将原有的高等数学内容进行了删减、调整，知识结构并没有根本的变化。因此，高等数学课的教学内容普遍比较陈旧，教学方法单一，学生学习效果差，学生对数学的掌握和理解根本不能满足社会发展的要求。

2.各地中学教材改革不同步，中学和大学的数学不衔接

20 世纪末，我国开始推行素质教育，目的是培养综合素质高、生存能力强的新一代，使学生在德、智、体、美、劳等各个方面均衡发展。但在推行过程中，一些地方的教育部门对素质教育的理解不够正确，对教材进行修改时删减了部分抽象复杂的知识，却增加了一些高等数学课程中较简单的知识。然而，为了能顺利考上大学，许多学生和老师仍然搞"题海战术"，学习的时间和强度都没有改变，所以学生的创新能力、思想品德、身体素质等并没有得到显著提高。在这样的改革中素质教育并没有被真正实施，学生的数学基础反而下降了许多。另外，由于对课程标准理解不同，各地中学对数学教材的修改也大不相同。例如，一些地区删掉了如极坐标、复数、反三角函数、空间曲面等知识，而增加了一些如微积分、线性代数以及概率论等高等数学的内容。而有些地区却把复数、反三角函数等知识当作教学重点，没有涉及任何高等数学知识。因此，各地学生带着不同的知识储备进入了大学，而大学数学并没有将中学删掉的知识补充进来，知识结构也没有根据学生的不同数学基础而有所调整。各地的学生不论基础如何，只要在同一专业，就学习相同的数学课程。这种现象造成的结果是没有学过复数、反三角函数、空间曲面等知识的学生在大学很难听懂相关课程，而学过这些知识的学生在学习相关课程时又觉得乏味、没有新意。前者对学习产生畏惧心理，后者则产生厌倦情绪，两种情形都直接对学生的学习效果产生影响。

3.高等数学教材内容普遍偏多，且重计算、轻应用

目前，我国高等数学教材内容普遍偏多，计算量大且抽象枯燥，而对知识的应用讲解得不够。由于教学大纲规定的内容较多，教师每堂课都要忙于将规定内容讲完，少有时间与学生沟通、互动。教师虽然教得很辛苦，但学生的学习效果并不理想。因为学生的注意力普遍不能长时间集中，加上所学知识抽象难懂，很多学生到后期开始溜号、犯困，直接影响学习效果。另外，许多高等数学教材对数学的应用讲解得不多，使得学生不了解所学知识到底有何用处。事实上，许多学生不重视高等数学的原因就是认为高等数学对其今后的学习和工作没有多大用处。调查问卷显示，有 73%的学生认为数学对自

己本专业的学习以及今后的工作是没有或少有用处的，这种认知极大地影响了学生学习高等数学的积极性。

4.没有数学软件辅助教学，教学模式单一

在西方国家，许多高校的数学课上都会使用一些数学软件或计算软件来辅助教学，教师通过软件将复杂、抽象的知识形象化，使学生更好地理解。有时，一些教师还要求学生会用一种或多种数学软件计算习题、处理数据等。这样的高等数学课上得生动有趣，学生动手能力普遍较强，并且在工作后能很快地将所学知识应用于实践。而国内大部分高校的数学课教学模式单一，教学以教师课上讲解为主，学生课后复习为辅。学生学习完高等数学课程后，基本上不会使用任何软件处理问题。

5.大班教学不利于课堂互动，应付考试成为教学目的

许多高校的高等数学课作为必修课，采取了大班教学的形式。通常是多个学院的学生一起上课，人数较多（一般 100 人到 300 人不等）。大班教学的课堂效果往往并不好，教师很难照顾到每个学生，而学生，尤其坐在后面的学生由于看不清黑板或听不清教师讲课就会影响学习效果，这部分学生也极容易溜号而转做其他和高等数学课无关的事情。另外，由于课堂容量大，用于课堂提问的时间非常有限，有的学生可能一学期也没有被提问过。长此以往，有些学生开始产生惰性，不断缺课。为了督促学生来上课，有的学校要求教师每堂课点名，但由于课堂人数众多，学生知道教师很难记住所有学生，所以经常出现代答到、代上课的现象。这样一学期下来，教师虽然教得很辛苦，但是教学效果并不理想。

（二）学生在学习高等数学过程中存在的问题

让非数学专业，尤其是纯文科院系的学生学好高等数学不能仅靠学校，教师和学生也是影响教学质量的重要因素。以下列举几个影响学生学习效果的因素。

1.学生自主学习能力差

在众多影响学生学习效果的因素中，学生的自主性是最主要的，但很多学生总是由于种种原因而不能集中精力自主学习。影响学生发挥主观能动性的原因主要有以下三方面。

（1）新生会陷入"失重"状态，影响主观能动性的发挥。许多高校都将高等数学课作为基础必修课为刚入学的学生开设，这些刚刚走进大学的学生，突然离开父母开始独立生活，一些学生不能很好地安排学习和生活，在大学的第一年都处于"失重"状态，学习没有计划，作息没有规律，听课效果很差。

（2）缺少教师和家长的督促，自我控制能力差。大学里各种社团经常举办活动，新生对各种活动应接不暇。一些学生没有老师和家长的督促和监管，容易被丰富多彩的校园活动吸引，而在不知不觉中懈怠了学习。

（3）授课方式改变，学生开始很难适应。大学的数学课程一般上课时间长、内容多、速度快，大学教师又不像中学教师那样每天督促学生学习，使得许多学生处于忙乱状态，不知道该怎样适应这种节奏。另外，大学平时测验少，有的课程只在期末才会进行考试，使得许多学生在学习中松懈下来。

2.学生对学习数学的兴趣不高

在对中国人民大学近 1 000 名非数学专业学生的调查统计中发现，将近一半的学生对学习数学的兴趣不高。为什么会有这么多的学生对数学提不起兴趣？分析总结原因主要有以下几点。

（1）中学教学模式的影响。大多数中学为提高学生高考成绩采用题海战术，让部分学生对数学产生了畏惧心理。一些学生反映，他们在上数学课前就已经开始惧怕数学了。

（2）高等数学学科特点的影响。高等数学课程的内容普遍偏多，知识抽象难懂，相对于其他专业课程来说，学生学习起来更累。很多学生反映上数学课太累、太难，作业太多，提不起兴趣。

（3）教师授课风格的影响。有的高等数学教师讲课严谨认真，但缺乏调动学生积极性和兴趣的教学手段。

（4）重复学习。在中学学习过部分高等数学内容的学生，在进入大学后再次学习同样的内容，会感到乏味与无趣。

（5）师生沟通不足。大学教师不坐班，上完课就走，与学生不熟悉，更缺乏必要的沟通。这些问题以及教师的态度也直接影响学生的学习兴趣。

3.学习方法固化

中学数学教材内容少，且天天有数学课，教师会把解题步骤、技巧等讲得很细致，并配备大量练习来反复训练学生，使许多学生养成了过于依赖教师的习惯。并且，由于高考的压力，许多地方的中学在数学课上让学生反复训练各种题型，这种训练方式让学生误认为只要多刷题，用题海战术就可以学好数学。然而，大学的数学课堂容量大、教学速度快，内容相对中学数学来说更复杂抽象，而且教师一般只是讲解典型例题，不带领学生大量做题。学生如果还想如中学时那样依赖教师，利用题海战术学习，不但会非常辛苦，而且不能真正学懂数学。

4.学生适应不同教师的能力差

不同的教师会有不同的授课风格，有的教师幽默、风趣，有的则相对古板、严肃；有的教师喜欢在课堂上谈古论今，有的教师则满堂课地讲解大纲要求学生掌握的知识。近几年，随着多媒体技术与计算机软件的应用，一些教师，尤其是年轻教师已开始将多媒体与计算机技术当作必不可少的教学工具。他们的课堂风格新颖，趣味性更浓，技术手段往往令学生们耳目一新，大大提高了数学课的趣味性。但也有一些教师，尤其是老教师，还在沿用以往的教学手段，上课只靠一支粉笔、一张嘴。另外，大部分高校教师的普通话都很标准，学生接收知识信息很容易，但也有些教师带有浓重的地方口音，学生听不懂，从而使听课效果不理想。学生一般是以选修课的形式修完所有高等数学课程，许多学生反映由于每学期初的选课会选到不同的教师，而对每位教师都有一定的适应期，这直接影响了最终的学习效果。

社会的不断发展对高校培养的人才提出了更高要求。高校作为向社会输送人才的基地，应不断调整培养目标，使学生更好地适应快速发展的社会。高校为更多的非数学专业学生开设高等数学课程，就是希望学生能掌握一些数学方法与技能，提高分析问题、解决问题的能力。但是，在中学的教育方式、大学本身的管理方式以及学生自身的学习方法等因素的影响下，高等数学的教育教学工作在开展过程中出现了很多问题，严重影响了教学质量。若要提高高等数学的教学质量，提高学生掌握数学知识、应用数学知识的能力，就必须先解决这些问题。

三、针对高等数学教学现状的改革建议

伴随着我国教育体制的不断改革，传统的高等数学教学模式已经不能满足学生的学习需求以及社会的需要。基于此，结合高等数学的教学现状，以下对如何提高高等数学的教学水平提出了几点建议。

（一）革新课程内容

改革二字所针对的不仅仅是学校，还包括了国家的教育部门以及社会的人文环境等。在改革中，教育界应该将高等数学的教学问题列入科学研究的领域，继而让社会各界的众多学者都能够加入此项研究。此外，在课程内容的设置方面，应该做出两方面的

改革：第一，充分了解与掌握数学研究与应用领域的最新成果和数学相关行业的现状及发展动态，继而对现行的高等数学课程做出适当的调整。第二，高等数学课程的教学大纲应该同相关岗位的实际需求高度匹配，让学生能够提高应用数学思维与技能解决实际问题的能力。

（二）深入开展校内教师的再教育工作

教师不仅是学生学习的榜样，同时也是学校教学水平的基础保证。因此，学校应拥有一支高能力、高素质、高水平的教师队伍。在今后的改革工作中，校方应该更加深入地开展校内教师的再教育工作，包括基础教育教学理论、师德、数学哲学、数学方法、教育教学思想和规范等内容。让教师能够在一次次的学习当中充分意识到自身的不足，继而有效地提高自身的业务能力与修养。此外，在教师的再教育课程当中也应该适当地加入一些心理学方面的知识，以便帮助他们更好地分析学生的心理，制定出更加适合学生的教学大纲。

学校的管理者应当积极鼓励教师参加培训，一名优秀的教师应不但具有充足的专业知识储备，还拥有高尚的品德和修养，只有在育人的同时不忘了育己，才能在教育的路上越走越远，继而为社会和国家培养出更多优秀的人才。

（三）革新教学方法

如今，很多高校教师还沉浸在传统的"满堂灌"式教学中难以自拔，自顾自地在讲台上眉飞色舞地讲授，却不知下面的学生早已神游天外了。基于此种情况，必须要对传统的教学方法进行革新，如在课堂中恰当地引入一些多媒体技术手段。例如，教师可以将校内网作为平台，创建一个名为"高等数学培训"的板块，根据自己的课程内容在其中加入一些名师讲课视频以及课后习题等。此外，学生还可以通过这一平台与教师进行实时交流，及时将自己遇到的问题反馈给教师。这种方式不但拉近了师生之间的距离，还让原本单一的教学方法变得更加具有多样性和趣味性。

（四）改革考试方法

基于目前的教育改革，高校可以尝试对考试方式做出些许调整，让学生在注重理论性知识的同时也注意培养个人的数学素质与能力。

例如，取消期中、期末考试，实施集闭卷答题、论文答辩、实验报告以及课程评价于一身的多元化考核制度，并将重点放在日常的小型课题考核上，这种做法不但能够消除学生对于考试的恐惧心理，同时还能够锻炼学生的思考能力和查阅资料的能力，从根本上提高学生学习高等数学课程的积极性。

第二节 高等数学教学的大众化

随着社会的发展，数学的重要性已经被大众所认识，数学大众化的思想也逐渐被人们接受。但在校学生的个体差异和数学基础的差别较大，因此高等数学不应只有一个教学模式、一个教学要求。新的教育形势要求整个高等数学课程对教学内容与教学方法进行更新。

教师应在教学方面多想办法，改变高等数学传统的教学方式，在教材上下功夫，使教学内容贴近生活，教学用语通俗易懂、深入浅出。教师应正确处理好教学中的直观性原则与理论联系实际原则、深入与浅出、对比与联系的关系，尽可能使高等数学大众化、通俗化、生活化。

一、概念的大众化

数学概念是反映数学对象本质属性的思维形式，其定义方式多种多样，有描述性的，有指明外延的，有种概念加类差等。理解并掌握数学概念的本质属性，明确其涉及的范围，这对准确应用概念并进行判断是大有益处的。

高等数学中的概念教学是课程教学的基本内容和重要组成部分。学生理解了高等数学的相关概念，有利于提高学生学习高等数学的兴趣，也有利于学生了解、理解、掌握和应用高等数学的相关知识。而对于刚接触高等数学的学生来说，要把理论性和抽象性都较强的高等数学概念理解透彻是很不容易的，因此教师在教授高等数学的相关概念时要用一些通俗易懂的生活化语言阐述，也可以举一些和日常生活相关的例子，方便学生理解。

例如，用数学语言来描述数列极限的定义时，学生往往对数学语言理解不透，或者说比较难理解。教师这时便可以采用生活化的语言进行解释，有些同学之间关系很要好，经常在一起，可以说是"亲密无间"，也就是说两人之间没有距离，当他们的关系越来越亲密，也就是两人之间的距离越来越小时，用数学语言描述这种状态就是 $|a_n - A| < \varepsilon$，$n \to \infty$时，表示 a_n 与 A 之间的距离为 0，也可以认为 a_n 无限接近 A，即数列 a_n 的极限为 A。

又例如，对于很多文科出身的学生来说，极限本身就是一个很难理解的概念，再加上数学语言，更不好理解了。但对于高校中非数学专业的学生，他们不一定要掌握极限的数学语言定义，只要能理解其描述性定义就可以了。一般来说，一个函数的图像对应的是一条曲线，函数在某个区间上连续，就是指在这个区间上的任何一点都没有断开。简单地说，就是在这个区间上函数的图像可以用一笔画出来，中间没有停顿。

二、定理的大众化

在高等数学课程中，定理及其应用占了很大一部分。定理是经过反复证明了的正确理论，一个定理中包含条件和结论两部分，定理在证明过程中要将条件和结论有机地连接在一起，而学习定理是为了更好地解决各种疑难问题。在传统的高等数学教材中，对于定理以及定理的证明都是用纯粹的数学语言来描述的，要使得大部分学生都能听懂并且学会应用，应用大众化的语言对定理进行解释说明。

例如，在学习闭区间上连续函数的性质时，让学生理解用数学语言描述的最值定理、介值定理、根的存在定理和一致连续性等定理就不太容易，更不要说接受纯理论性的证明过程了。但如果借助数形结合的方法，学生通过函数的图像来理解这些定理就容易得多。

在闭区间上连续的函数在该区间上一定有最大值和最小值，这就是说，如果函数 $f(x)$ 在 $[a, b]$ 上连续，那么至少有一个点 $\xi \in [a, b]$，使得 $f(\xi)$ 是 $f(x)$ 在 $[a, b]$ 上的最大值或最小值。这就好比在桌面上建立一个直角坐标系，固定两个点，两点之间用一条线来连接，这个时候可以把桌面看作一个平面，而连接两个点的线则看作函数的图像曲线，这条线上总有一个最高点，也总有一个最低点，而这两个点是固定的，线长也是有限的，所以线上的任何一点的高度都是在最高点与最低点之间；因为整条线是没有断开的，所以最高点与最低点之间每一个高度线上都有一个对应点。如此就很容易理解介值定理了。这时，如果两个固定的点一个在横轴的上面，一个在横轴的下面，也就是使得函数值一个是正的，一个是负的，那么至少会有一个点使得线与横轴相交，也就是函数值为 0，学生由此也可以理解零点定理。

三、应用的大众化

数学是从由解决生活中的问题产生的，应用是学习高等数学的最终目的，也是学习数学的最终目的。要运用高等数学的相关知识解决实际生活中的问题，一般首先将生活问题转化为数学问题，建立数学模型，再通过数学公式计算、论证等解决数学问题，得出结论，应用于实际生活。教师要从后续课程和实际生活中的需要出发，充分介绍相关数学知识在现实生活中的应用，让学生了解学习高等数学可以解决生活中的难题，明白高等数学的重要性，从而增加学习的动力和自觉性。

下面以学习函数极值与一阶导数的关系为例。一般地，设函数 $f(x)$ 在点 x_0 附近有定义，如果对 x_0 附近的所有的点，都有 $f(x) < f(x_0)$，就说 $f(x_0)$ 是函数 $f(x)$ 的一个极大值，那么这时可以从图像上清楚地看到在 x_0 附近，在它的左边，函数 $y=f(x)$ 是增函数，图像是不断上升的，此时曲线上点的切线的倾斜角 α 是在 $0° \sim 90°$，故切线的斜率 $k>0$，即 $f(x)>0$；而在它的右边，函数 $y=f(x)$ 是减函数，图像是不断下降的，此时曲线上点的切线的倾斜角 α 在 $90° \sim 180°$，故切线的斜率 $k<0$，即 $f(x)<0$。函数 $y=f(x)$ 在 $x=x_0$ 处取得极小值的情况与上述情况正好相反。这样把函数的极值与一阶导数和曲线的单调性、直线的斜率、直线的倾斜角这些简单易懂的知识点结合在一起，就能使学生易于理解和应用相关知识。

大众化教育模式下，教师在高等数学的教学过程中应充分挖掘现实生活中的素材，不断拉近高等数学与大众的距离。将高等数学大众化、生活化，就是要其被大众接受与认可。高等数学的教学内容应与生产生活实际联系密切，从而真正体现出高等数学来源于生活，又高于生活，最终服务于生活的本质。

第三节 在高等数学教学中融入情感教育

在教学活动中，教师在课堂上的情感投入能够对教学质量产生极大的影响。教师将情感教育融入课程教学中，对于优化课堂教学，丰富课堂知识以及提高学生的学习兴趣都具有十分重要的意义与价值。高等数学在高等教育中处于基础地位，对培养学生尤其是理工科学生的思维能力有重要影响。因此，在高等数学教学中融入情感教育具有显著的必然性和科学性。

一、在高等数学教学中融入情感教育的重要作用

如今随着国家经济的迅速发展，部分高校的教育教学出现了较为浮躁和功利的现象，这些现象对高等数学教学产生了巨大影响，因为学习高等数学需要一定的稳定性，具有一定的艰苦性，学生需要经过长期的坚持和磨练才能在高等数学学习中有所突破。

在高等数学教学中融入情感教育，有利于提高学生学习高等数学的兴趣和积极性。学生之所以学习兴趣不高，多因为"畏难"心理和情绪，也因为在学习高等数学的过程中难以获得成就感和自豪感。教师融入情感教育，能让学生树立具体目标，在学习过程中具有一定的获得感，也就能够极大地提高学习高等数学的兴趣和积极性。

在高等数学教学中融入情感教育，有利于增加学生对高等数学的投入。一些学生在学习高等数学的过程中存在应付心理，他们仅仅以完成课后习题或者通过期末考试作为最终目标，没有切实地投入高等数学的学习。教师在高等数学的教学中融入情感教育，能让学生切实地感受到高等数学的魅力，让学生产生把握和探索高等数学内涵和本质的愿望。

在高等数学教学中融入情感教育，有利于学生了解学习高等数学的价值和作用。在课堂教学外，教师应当关注学生的成长发展和职业规划。学生在学习高等数学的过程中，在学习、生活中，都会遇到各种问题和困惑，教师关注学生成长发展，有利于帮助学生

明确职业方向，激发学习动力。

二、高等数学教学中融入情感教育的必要条件

在高等数学教学中融入情感教育是必要的，但应当具备以下条件。

1.高等数学教师应当深爱着自己的职业和工作岗位。如果高等数学教师本身对工作岗位就没有热情，缺乏热爱，那在高等数学教学中融入情感教育也就无从说起。

2.高等数学教师必须具备扎实的基础理论知识。在高等数学教学中融入情感教育，是在知识教育的层次再上升一个层次，但如果第一个层次都没有做到或者做好，是无法上升到情感教育层次的。也只有首先具备了扎实的高等数学理论基础，才能够实现将高等数学中的数学思想与其他学科交叉研究，构建系统的框架和知识体系，才能够做到拉近学生与高等数学的距离，才能够用深入浅出的方法让学生易于接受高等数学知识，提升其学习积极性。

三、高等数学教学中融入情感教育的重要途径

课堂教学根据教学环境和场所的不同，可以分为课内教学和课外教学。在高等数学教学的过程中，对于课内教学和课外教学，教师融入情感教育的路径、方法和展现形式都是不同的。

（一）课内教学融入情感教育的重要途径

在高等数学课内教学中，教师融入情感教育的重要途径主要有三个方面。

第一，教师应当对自身所教授的高等数学知识熟练于心，备课充分，且具有深厚的学术造诣，这是最基本的途径，也只有这样才能够真正教导学生。

第二，教师在课内教学中应当感情饱满，注重仪容仪表，不能在教学过程中表现出随意的教学态度。

第三，教师在课内教学中应当努力做到理论与实践相结合，将高等数学中较为复杂的学术问题和理论难点与实际生活结合起来，以具体案例和解决实际生活问题作为切入点，从而达到传授知识的最终目的。

（二）课外教学融入情感教育的重要途径

在高等数学课外教学中，教师融入情感教育的重要途径也主要有两个方面。

第一，在课外教学中教师应当为学生答疑解惑，并与学生探讨交流。在高等数学教学过程中，往往存在教师在下课后几乎与学生没有交流的现象。因此，教师应在课外留有与学生交流探讨的时间，这不仅对提升学生的学术和知识水平具有一定的作用，同时对于促进师生交流、增进师生感情具有重要意义。

第二，在课外教学中教师应当与学生建立良好的师生关系，深入学生的学习和生活，做学生学习和生活的引路人，以便高等数学教学产生良好的效果，切实激发学生对高等数学的热情。

四、高等数学教学中融入情感教育的重要技巧

（一）重视教师和学生的第一次接触

教师与学生的第一次接触是师生之间建立沟通和信任的重要环节，重视教师和学生的第一次接触是实现在高等数学教学中融入情感教育的重要技巧。学生对教师第一印象的好坏，往往决定了其是否会真正跟随教师的脚步，因此教师应当特别注意在学生面前的第一次展示。教师应注意面部表情与语言表达，以饱满的热情和充分的准备对待第一堂课，这也能为之后的情感融入奠定基础。

（二）注意捕捉学生的兴趣点，不断激发学生的学习兴趣

当代大学生的好奇心较强，高等数学教师在教学中可以将数学知识与历史上的故事或者生活中的奇妙现象结合起来，以讲故事的方式向学生传授相应的知识，也可以将学生带入真实情境，让其在生活场景中思考数学知识，感受高等数学的魅力。

（三）培养学生学习数学的良好习惯

教师应当让学生切实感受到高等数学的重要性，让学生在学习其他学科时，能够认识到数学的基础作用，能够感受到高等数学在建设思维模式，构建系统化视野方面的作用。

第四节 高等数学教育价值的缺失

为了更好地发挥高等数学的教育价值与教学作用，教师应在今后的教育工作中更加注重专业知识内涵的挖掘工作。下面将对高等数学教学中的教育价值缺失现象进行分析，并尝试总结几点可行性较强的应对措施。

一、高等数学的教育价值

由于我国当前的高等数学教育体系尚未发展成熟，再加上该学科的历史研究文献较匮乏，所以也就无从谈起其教育价值。那么，到底是什么造成高等数学的研究历史如此匮乏呢？大致有以下三点。

第一，目前我国高校的课程普遍安排得非常满，所以教师根本没有时间和精力去研究课程的价值历史；

第二，我国大部分高校的高等数学教师都身兼数职，虽然他们的专业技能与教研水平都比较高，但是对高等数学的教育经验却不一定丰富，开展高等数学的教育价值研究工作更无从谈起了；

第三，就我国的教育现状来看，高等数学的教学内容同教育价值的研究根本无法紧密地结合到一起。当向学生讲述有关于高等数学的价值内容时，教师不应该直接向学生灌输一些纯理论方面的内容，而是应该利用数学历史中的闪光点，让学生将其与实际的课程内容联系起来，从而达到提高学习积极性的目的。

为了改变当前高等数学教育价值匮乏的现象，高校可以开设数学史选修课。然而应该注意的是，这种方式如果运用不当，会让数学史课程变得非常枯燥乏味，让学生对此门课程产生负面的情绪，从而达不到预期的教学效果。因此，应将数学史的理论内容与高等数学课程紧密联系在一起，教会学生如何灵活运用数学史知识来提高自己的学习能力。如此，不但能够增强学生对历史的洞察力，还可以提高他们对数学概念的领悟能力。

教师需要明白，向学生讲授数学历史其实就是在讲授学习高等数学的经验与价值。例如，当学生在学习调和级数之和的计算方法时，经常会对其计算结果的无限性特点产生兴趣，教师便可以充分利用这点来让学生自己探索和寻找答案。或许在最开始的时候，学生会觉得这种探索的过程异常困难与枯燥，但在教师一步步的引导下，他们会渐渐地接近谜底，当他们提出自己的解题思路与方案后，教师就可以适时讲授历史上的数学家们的解题方式。

二、深度挖掘高等数学教材的思想内涵

在高等数学的教学过程中，有效运用数学思想的力量是极其有效的一种教学手段。为了从根本意义上了解高等数学的重要性与显性价值，教师应该让学生深刻地了解数学思想在自主学习当中的重要性。例如，教师在教授高等数学教材当中的"定积分"课程时，应先向学生阐述在此次的学习中能够用到的各种思维，如分割、逼近、换元和化归等。其中比较主要的即化归，也称不定积分。合理运用数学思维不但能够充分调动学生的发散性思维，而且能让他们充分意识到深度挖掘教材内容的重要性。此外，学生由于本身的阅读能力和学习能力不是非常成熟，所以在证明、解答复杂问题时无法正确地运用主要的思维方式。教师应该充分考虑这一问题，引用较为典型的例子帮助学生寻找正确的思维方式。

三、深度挖掘高等数学教材的人文内涵

高等数学教材如同一位冰山美人，让人觉得难以接近，刚升入大学的学生根本不能自如地领悟到其中的人文内涵。基于此种情况，教师需要在原有的教学大纲中适当加入一些人文内容，包括数学理论的来源和发展历史、数学家的解题思路简介以及具体的生产实践方法等。此外，还应向学生展示攻克数学难题所必须具备的坚韧精神和执着精神。例如，教师在讲授高等数学教材当中的"微积分"部分时，需要告知学生微积分理论是来自牛顿和莱布尼茨所研究的流数理论和上三角形特征论。这是两位伟大的数学家历经了千辛万苦，牺牲了无数个本应该同家人朋友相聚的美好时光才探索出来的。有很多学术界的研究者都在争论这一数学理论的归属权，而牛顿与莱布尼茨却不以为意，一直都

以淡然的态度来面对外界的争论和质疑。通过介绍这些内容，学生能够更加珍惜当前所学习到的这些宝贵的高等数学知识，深刻认识到今天的知识来自历代科学家与学者们不辞辛苦的研究，从而使之后的高等数学学习生涯变得更加的充满和谐愉快。

第二章 高等数学教学理念

第一节 数学教学的发展

　　21 世纪是一个科技快速发展、国际竞争日益激烈的时代。科技竞争归根结底是人才的竞争，而高校是培养高素质人才的摇篮，高校的数学教育也必须满足社会快速发展的需要，教育理念等都应不断进行改革。

一、数学教学的发展

　　数学课常使人产生一种错觉：数学家们几乎理所当然地在制定一系列的定理，使得学生被淹没在成串的定理中。学生从教材中根本无法感受到数学家所经历的艰苦漫长的求证道路，感受不到数学本身的美。而通过数学史，教师可以让学生明白数学并不枯燥呆板，而是一门不断进步的生动有趣的学科。所以，在数学教育中应该有属于数学史的舞台。

（一）东方数学发展史

　　在东方国家中，中国的数学水平可以说是数一数二的，中国也是东方的数学研究中心。

　　古人的智慧不容小觑，从结绳记事到"书契"，再到写数字，他们的每一个进步几乎都要间隔几十年乃至上百年。殷商甲骨文中有 13 个记数单字，包括十、百、千、万等，可记十万以内的任何数字，其中蕴含了十进位制的萌芽。后来，古人逐渐意识到仅仅记录数字是不够的，于是便产生了加法与乘法，与此同时，数学开始在书籍上出现。

战国时期出现了四则运算,《荀子》《管子》《周逸书》中均有不同程度的记载。乘除的运算在公元 3 世纪的《孙子算经》中有了较为详细的描述,现在多有运用的勾股定理亦在此时出现。算筹制度的形成大约在秦汉时期,筹的出现可谓是中国数学史上的一座里程碑,在《孙子算经》中有记载其具体算数的方法。

《九章算术》的出现将中国数学推到了顶峰。它是中国第一部专门阐述数学的著作,是算经十书中最重要的部分,后世的数学家在研习数学时,多是以《九章算术》启蒙。在隋唐时期,《九章算术》传入朝鲜、日本等国。《九章算术》最早出现负数的概念,远远领先于其他国家,但遗憾的是,从宋末到清初,由于战争频繁,统治者思想理念的变化等种种原因,中国的数学走向了低谷。然而在此期间,西方的数学迅速发展。不过,我国也并非止步不前,例如至今很多人还在用的算盘,可以说是数学历史上一颗灿烂的明珠,便出现在元末。

16 世纪前后,西方数学被引入中国,中西方数学开始有了交流。然而好景不长,清政府闭关锁国的政策让中国的数学家再次坐井观天,只能对之前的研究课题继续钻研。这一时期的中国数学家们虽然也取得了一些成就,如对幂级数的研究等,但中国在数学方面已不再独占鳌头。19 世纪末 20 世纪初,中国出现了留学高潮,此时的中国数学已经带有现代主义色彩。新中国成立以后,随着郭沫若先生的《科学的春天》的发表,中国数学开始有了起色。

(二)西方数学发展史

古希腊是四大文明古国之一,其数学成就在当时可谓万众瞩目。学派是当时数学发展的主流,各学派做出的突出贡献改变了世界。最早出现的数学学派是以泰勒斯为代表的米利都学派,另外还有毕达哥拉斯创立的毕达哥拉斯学派,以芝诺等人为代表的埃利亚学派。在雅典有柏拉图学派,代表人物是柏拉图。柏拉图推崇几何,并且培养出了许多优秀的学生,其中最为人熟知的是亚里士多德。亚里士多德的贡献并不比他的老师少,他创办了亚里士多德学派,逻辑学即为亚里士多德学派创立,亚里士多德学派的数学理论还为欧几里得完成《几何原本》(简称《原本》)奠定了基础。《原本》是欧洲数学的基础,被认为是历史上最成功的教科书,在西方的流传度仅次于《圣经》。哥白尼、伽利略、笛卡儿、牛顿等数学家都在《原本》的影响下创造出了伟大的成就。

如今普遍使用的阿拉伯数字来自阿拉伯数学。阿拉伯数学于 8 世纪兴起,15 世纪衰落,主要成就有一次方程解法、三次方程几何解法和二项展开式的系数等。

到了 17 世纪，数学的发展实现了质的飞跃，笛卡儿在数学中引入变量，成为数学史上一个重要转折点；牛顿和莱布尼茨分别独立创建了微积分，数学从此开拓了以变数为主要研究方向的新的领域，它就是我们所熟悉的"高等数学"。

（三）数学发展史与数学教学活动的整合

在计数方面，中国采用算筹，而西方则运用字母计数法。不过受到文字和书写用具的制约，各地的计数系统有很大差异。古希腊的字母数系简明、方便，蕴含了序的思想，但在变革方面很难有所提升，因此古希腊的实用算数和代数长期落后，而算筹在起跑线上占得了先机，不过随着时代的进步，算筹的不足之处也显露出来。可见要用辩证的思想来看待事物的发展。

自古以来，我国一直是农业大国，数学基本上也只为农业服务，《九章算术》中所记录的问题就大多与农业相关。而中国古代等级制度森严，研究数学的大多是一些官职人员，而统治者为了巩固朝政，往往阻碍了一些科学思想的发展。在西方，随着经济的发展，社会对计算的要求日渐提高，富足的生活使得人们有更多的时间从事理论研究，各个学派的学者乐于思考问题和解决问题，不同于东方的重农抑商，西方由于商业的发展大大推进了数学的发展。

1.数学史有助于教师和学生形成正确的数学观

纵观数学的历史发展，数学观经历了由远古的经验论到欧几里得以来的演绎论，再到现代的经验论与演绎论相结合的"拟经验论"的认知转变过程。人们对数学知识的基本观念也发生了根本变化，由柏拉图学派的客观唯心主义发展到数学基础学派的绝对主义，又发展到拉卡托斯的可误主义、拟经验主义以及后来的社会建构主义。

因此，教师要为学生准备的数学教学，也就是教师要进行教学的数学必须是整体的教学，而不是分散、孤立的各个数学分支。数学教师所持有的数学观，与他在数学教学中的设计思想、与他在课堂讲授中的叙述方法以及他对学生的评价要求等都有密切的联系。通过数学教师传递给学生的任何关于数学及其性质等的细微信息，都会对学生今后认识数学、运用数学等产生深远的影响。也就是说，数学教师的数学观往往会影响学生数学观的形成。

2.数学史有利于学生从整体上把握数学

数学教材的编写由于受到诸多限制，教材往往按定义—公理—定理—例题的模式。这实际上是将表达思维与实际创造的过程颠倒了，往往会使学生产生一种错觉：数学似乎就是从定义到定理，数学的体系结构完全经过锤炼，已成定局。数学彻底地被人为地分为一章一节，好像成了一座座各自独立的堡垒，各种数学思想与运用方法之间的联系几乎找不到。与此不同的是，数学史中对数学家的创造思维活动的过程有着真实的历史记录，学生从中可以鸟瞰数学发展的历史长河，每个数学概念、数学方法与数学思想的发展过程，把握数学发展的整体概况。这可以帮助学生从整体上把握自己所学知识在整个数学体系中的地位与作用，便于学生形成科学的知识体系。

3.数学史有利于激发学生的学习兴趣

兴趣是推动学生学习的内在动力，是否有学习兴趣决定着学生能否积极、主动地参与学习活动。在适当的时机向学生介绍一些数学家的趣闻逸事或有趣的数学现象，无疑是一条激发学生学习兴趣的有效途径。如阿基米德专心研究数学问题而丝毫感觉不到死亡的逼近，当敌方士兵用剑指向他时，他竟然只要求对方等他把还没证明完的题目完成后再下手。又如当学生知道了如何作一个正方体，使其体积等于给定正方体体积的两倍后，向学生介绍倍立方问题及其在神话中的起源——只有造一个体积两倍于给定立方祭坛的立方祭坛，太阳神阿波罗才会息怒。这些趣味故事的引入，无疑会让学生体会到数学并不是一门枯燥呆板的学科，而是一门不断进步的生动有趣的学科。

4.数学史有利于培养学生的思维能力

数学史在数学教育中还有着更高层次的运用，那就是在学生数学思维的培养上。让学生学会像数学家那样思考，是数学教育所要达到的目的之一。数学一直被看成是思维训练的有效学科，数学史则为此提供了丰富而有力的材料。如，毕氏定理有370多种证法，有的证法简洁漂亮，让人拍案叫绝；有的证法迂回曲折，让人豁然开朗。每一种证法，都是一条思维训练的有效途径。如球体积公式的推导，除我国数学家祖冲之的截面法外，还有阿基米德的力学法和旋转体逼近法、开普勒的棱锥求和法等。这些数学史实的介绍都是非常有利于拓宽学生视野、培养学生全方位的思维能力的。

5.数学史有利于提高学生的数学创新精神

有学者指出，学生在初中、高中接受的数学知识，毕业进入社会后几乎没有什么机会应用，所以通常走出校门后不到一两年就忘掉了。然而不管他们从事什么工作，他们脑海中的数学精神、数学思维方法、数学研究方法、数学推理方法和着眼点等，都会随时随地发生作用，使他们受益终身。

数学史是穿越时空的数学智慧。就中国数学史而言，据考证，在殷墟出土的甲骨文卜辞中出现的最大数字为三万；作为计算工具的"算筹"在春秋时代使用就已十分普遍……列述这些并非要求学生费神去探寻数学发展的足迹，而是为了说明一个事实：数学与人类文明同生并存，共同发展。数学的发展反映了人们积极进取的意志以及对完美境界的追求。

将数学发展史有计划、有目的、和谐地与数学教学活动进行整合是数学教学中一项细致、深入且系统的工作，并非将一个数学家的故事或是一个曲折的事例放到某一个教学内容中那么简单。数学史要与教学内容在思想与观念上保持一致，在整体上、技术上做到和谐统一、相辅相成。学习数学史将使学生获得思想上的启迪、精神上的陶冶，因为数学史不仅体现了数学文化的丰富内涵、深邃思想、鲜明个性，还能从科学的思维方式、思想方法、逻辑规律等角度培养学生科学睿智的头脑和勇于创新的精神。

二、我国的高等数学教学改革

高等数学作为一门基础学科，已经广泛融入自然科学和社会科学的各个分支，为科学研究提供了强有力的支持，使科学技术获得了突飞猛进的发展，也为人类社会的发展创造了巨大的物质财富和精神财富。高等数学为学生学习后续的专业课程和解决现实生活中的实际问题提供了必备的数学基础知识、数学方法和数学思想。近年来，虽然高等数学教学已经进行了一系列的改革，但受传统教学观念的影响，仍存在一些问题，这就需要教育工作者，尤其是数学教育工作者，不懈地探索、尝试与创新。

（一）高等数学教学现状

由于高校扩招及各地教育资源、水平具有一定差异，因此新生的高等数学基础水平和能力参差不齐。

部分教师对高等数学的应用介绍得不到位，与现实生活严重脱节，没有与学生专业课程的学习做好衔接，从而给学生一种"数学没用"的错觉。

部分高校在高等数学教学中教学手段相对落后，很多教师抓着板书这种传统的教学手段不放，在课堂上不停地说、写和画，总怕耽误了课程进度。在这种教学方式的束缚下，学生思考得很少，不少学生对复杂、冗长的概念、公式和定理望而生畏，渐渐地，教学缺乏了互动性，学生也失去了学习的兴趣。

（二）高等数学教学的改革措施

1.高等数学与数学实验相结合，激发学生的学习兴趣

传统的高等数学课程只有习题课，没有数学实验课，这不利于培养学生利用所学知识和方法解决实际问题的能力。如果高校开设数学实验课，有意识地将理论教学与学生实践结合起来，变抽象的理论为具体，能使学生由被动接受转变为积极主动参与，激发学生学习兴趣，培养学生的创造精神和创新能力。

在实验课的教学中，可以适当介绍数学软件，使学生利用计算机学习高等数学，加深对基本概念、公式和定理的理解。比如，教师可以通过实验演示函数在一点处的切线的形成，以加深学生对导数定义的理解；还可以通过在实验课上借助某一数学软件强大的计算和作图功能，来考察数列的不同变化情况，从而让学生对数列的不同变化趋势获得较为整体的认识，加深对数列极限的理解。

2.合理运用多媒体辅助教学手段，丰富教学方法

我国已经步入大众化教育阶段，在高等数学课堂教学内容不断增多，而教学课时不断减少的情况下，利用多媒体授课便成为一种新型的、卓有成效的教学手段。

利用多媒体技术可以改善教学环境，比如教师不必将时间浪费在抄写例题等工作上，而可以将更多的精力投入对教学重点、难点的分析和讲解中，提高教学效率和教学质量。教师在教学实践中采用多媒体辅助教学，可以创设直观、生动、形象的数学教学情境，通过计算机图形显示、动画模拟、数值计算及文字说明等，形成一个全新的图文并茂、声像结合、数形结合的教学环境，加深学生对概念、方法和内容的理解，有利于激发学生的学习兴趣，培养其思维能力，从而使学生积极主动地参与到教学过程中。例如，教师在讲解极限、定积分、重积分等重要概念，介绍函数的两个重要极限，切线的几何意义时，不妨利用多媒体对极限过程进行动画演示；讲函数的傅立叶级数展开时，可以利用计算机对某一函数展开次数进行控制，让学生观看其曲线的拟合过程，学生会更容易理解所学知识。

3.充分发挥网络教学的作用

随着计算机和信息技术的迅速发展，网络教学逐渐成为学生日常学习的重要组成部分。每个学生都可以上网查找、搜索自己需要的资料，查看教师的电子教案，并通过电子邮件、网上论坛等与教师和同学相互交流探讨。教师可以将电子教案、典型习题、单元测试练习、知识难点解析、教学大纲等发到网络上供学生自主学习，还可以在网络上设立一些与数学有关的特色专栏，向学生介绍一些数学史知识、数学研究的前沿动态以

及数学家的逸闻趣事等，激发学生学习数学的兴趣，启发学生将数学思想应用到其他科学领域。

对于学生在数学论坛、留言板中提出的问题，教师要及时解答，并抽出时间集中辅导，与学生共同探讨。通过形成制度和习惯，加强教师的责任意识，引导学生深入钻研数学，这对提高学生学习的积极性和教学效率有着重要影响。

4.在教学过程中渗透专业知识

如果高等数学只是一味地讲授数学理论和计算方法，而与学生后续专业课程的学习毫无关系，就会使学生感到厌倦，降低其学习积极性，教学质量就很难保证。高等数学教师可以结合学生的专业知识进行授课，培养学生运用数学知识分析和处理实际问题的能力，进而提升学生的综合素质，满足后续专业课程对数学知识的需求。比如，教师在给机电类专业学生授课时，第一堂课就可以引入电学中常用的几个函数；在讲解导数概念之后，可立即介绍电学中几个常用的变化率（如电流强度）模型；讲解导数的应用后，介绍最大输出功率的计算；在讲解积分部分时，加入功率的计算等。

总之，高等数学教学有自身的体系和特点，任课教师必须转变自己的思想，改进教学方法和手段，提高教学质量，充分发挥高等数学在人才培养中应有的作用。

第二节 弗赖登塔尔的数学教育理念

一、弗赖登塔尔的数学教育思想

弗赖登塔尔的数学教育思想主要体现在对数学的认识和对数学教育的认识上。他认为数学教育的目的应该是与时俱进的，并应针对学生的能力来确定；数学教育应遵循创造原则、数学化原则和严谨性原则。

（一）弗赖登塔尔对数学的认识

弗赖登塔尔强调："数学起源于实用，它在今天比以往任何时候都更有用！但其实，这样说还不够，我们应该说：倘若无用，数学就不存在了。"从其中可以看到，任何数学理论的产生都有其应用需求，这些"应用需求"对数学的发展起了推动作用。弗赖登塔尔指出，数学与现实生活的联系，其实也就要求数学教育从学生熟悉的数学情境和感兴趣的事物出发，从而使学生更好地学习和理解数学，同时也要求学生能够做到学以致用，利用数学来解决实际中的问题。

弗赖登塔尔认为现代数学具有以下特征。

1.数学是再创造和形式化的活动

弗赖登塔尔在讨论现代数学特征的时候首先指出"数学是再创造和形式化的活动"。他认为，语言是一种弹性工具，在用日常语言表达数学事实时，必须改造语言，使之适应数学的需要。这种改造还在继续，最终情况如何还很难预料。他预言，现在在数学里用得最多的形式化，将来必会成为数学家们最有效的、可迁移的一种活动。由此可见，数学是离不开形式化的，许多情况下数学表达的是一种思想，具有含义隐性、高度概括的特点，因此数学需要用含义精确、高度抽象、简洁的符号来表达。

2.数学概念的公理化

弗赖登塔尔指出，数学概念的构造是从典型的通过外延描述的抽象化到实现公理系统的抽象化。现代数学概念越来越趋近于公理统计，因为公理系统的抽象化对事物的性质进行分析和分类，能给出更高的清晰度和更深入的理解。

3.数学各领域之间与其他学科之间的界限模糊

弗赖登塔尔认为，现代数学的特点之一就是其各领域之间和其他学科之间的界限模糊。首先现代数学采用了公理化方法，然后将其渗透到数学的各个领域；其次是现代数学也融入了其他学科中，其中包括一些看起来与数学无关的学科。

（二）弗赖登塔尔对数学教育的认识

1.数学教育的目的

弗赖登塔尔围绕数学教育的目的进行了研究和探讨，他特别从以下几个方面进行了研究。

（1）应用

弗赖登塔尔认为应当在数学与现实的接触点之间寻找联系，而这个联系就是将数学应用于现实。数学课程的设置也应该与现实社会联系起来，这样学生才能够更好地带着所学的数学知识走进社会。从目前的情况来看，弗赖登塔尔这一看法是经得起实践考验的。

（2）思维训练

数学是否是一种思维训练？弗赖登塔尔的答案是肯定的。他曾多次向大学生和中学生提出一些数学问题，结果表明，在受过数学教育以后，学生对那些数学问题的看法、理解和回答均大有长进。由此可见，数学教育与逻辑思维之间是有一定联系的，也可以说，数学是一种思维训练。

（3）解决问题

弗赖登塔尔认为，数学之所以能够得到高度评价，其原因是它解决了许多问题，这是对数学的一种信任。而数学教育自然应将"解决问题"作为其又一教育目的，这其实也是实践与理论的一种结合。其实从现在的教学评价与课程设计等中都可以看出这一数学的教育目的。

2.数学教学的基本原则

（1）再创造原则

弗赖登塔尔认为，数学实质上是人们常识的系统化，每个学生都可能在一定的指导下通过自己的实践来获得这些知识。因此，再创造是整个数学教育最基本的原则，适用于学生学习过程的不同层次，应该使数学教学始终处于积极、发现的状态，例如"情境教学"与"启发式教学"就遵循了这一原则。

（2）数学化原则

弗赖登塔尔认为，数学化不仅仅是数学家的事，也应该被学生所学习，用数学化组织数学教学是数学教育的必然趋势。他进一步强调，没有数学化就没有数学，特别是，没有公理化就没有公理系统，没有形式化也就没有形式体系。据此可以看出弗赖登塔尔对夸美纽斯倡导的"教一个活动的最好方法是演示，学一个活动的最好方法是做"是赞同的。

（3）严谨性原则

弗赖登塔尔将数学的严谨性定义为："数学可以强加上一个有力的演绎结构，从而不仅可以确定结果是否正确，而且可以确定结果是否已经正确地建立起来。"严谨性要求数学教学要相对于具体的时代、具体的问题来做出判断；严谨性有不同的层次，每个数学问题都有相应的严谨性层次，教师要教会学生通过不同层次的学习来理解并获得数学的严谨性。

二、弗赖登塔尔数学教育思想的现实意义

弗赖登塔尔是荷兰著名的数学家和数学教育家，他于 20 世纪 50 年代后期发表的一系列教育著作在当时的影响遍及全球。虽历经半个多世纪，但他的教育思想在今天看来依然熠熠生辉，历久弥新。如今新课程改革倡导的一些核心理念，在他的教育论著中早有深刻阐述。因此，领会并贯彻他的教育思想，对于现在的课堂教学仍然深具现实意义。身处课程改革中的数学教师，理当从弗赖登塔尔的教育思想中汲取丰富的思想养料，获得教学启示并积极践行。

（一）数学化思想的内涵及其现实意义

弗赖登塔尔把数学化作为数学教学的基本原则之一，他的数学化教育思想，一直被作为一种优秀的教育思想影响着数学教育界人士的思维方式与行为方式，对全世界的数学教育都产生了极其深刻的影响。

1.数学化思想的内涵

何为数学化？弗赖登塔尔指出："笼统地讲，人们在观察现实世界时运用数学方法研究各种具体现象并加以整理和组织的过程便称为数学化。"同时，他强调数学化的对象分为两类，一类是现实客观事物，另一类是数学本身。以此为依据，他将数学划分为横向数学化和纵向数学化。横向数学化指将客观世界数学化，其一般步骤为"现实情境——抽象建模——一般化——形式化"，如今倡导的教学模式就是遵循这四个阶段进行的。纵向数学化是指横向数学化后，将数学问题转化为抽象的数学概念与数学方法，以形成公理体系与形式体系，使数学知识体系更系统、更完美。

一些教师常把数学化（横向）的四个阶段简化为只剩最后一个阶段，即只重视数学化的结果——形式化，而忽略得到结果的数学化过程本身，导致学生学得快但忘得更快。弗赖登塔尔认为这种现象是一种"违反教学法的颠倒"。也就是说，数学教学绝不能仅仅灌输现成的数学结果，而是要引导学生自己去发现和得出这些结果。许多大家持同样观点，如美国心理学家戴维斯就认为，学生进行数学学习的方式应当与做研究的数学家类似，这样才有更多的机会取得成功；笛卡儿与莱布尼茨认为，知识并不是一种线性的，从上到下演绎的纯粹理性，真理既不是纯粹理性，也不是纯粹经验，而是理性与经验的循环；康德认为，没有经验的概念是空洞的，没有概念的经验是不能构成知识的。

2.数学化的现实意义

在数学化教育思想下，学生的知识源自现实，也就容易在现实中被触发与激活。一方面，数学化过程能让学生充分经历从客观世界到符号化、形式化的完整过程，积累"做数学"的丰富体验，收获知识、问题解决策略、数学价值观等多元成果。另一方面，数学化对学生的发展具有重大意义。从短期来讲，数学化过程让学生亲历了知识形成的全过程，且在获取知识时重建了数学家发现数学规律的过程，其中对探究路径的自主猜测与选择、自主分析与比较、在克服困难中的坚守与转化、在发现解题方法时的满足与兴奋、在历经挫折后对数学思维的由衷欣赏，以及由此产生的对数学在情感与态度方面的变化，无一不是数学化给学生成长带来的丰厚营养。乔治·波利亚提出，只有看到数学的产生并按照数学发展的历史顺序了解数学或亲自参与数学发现，才能最好地理解数学。同时，亲历形成过程得到的知识，在学生的认知结构中一定地位稳固，记忆持久，运用自如，迁移灵活，从而十分有利于学生知识水平的提高。除知识外，学生在数学化活动中将收获包含数学史、数学审美标准、元认知监控、反思调节等多元成果，这些内容不仅有益于加深学生对数学价值的认识，更有益于增强学生的内部学习动机，增强运用数学的意识与能力，这绝不是只向学生灌输"成品数学"所能达到的效果。从长远看，要使学生适应未来的职业周期缩短、节奏加快、竞争日益激烈的社会，使数学成为人生发展的有用工具，就意味着数学教育要给学生除知识外的更加内在的东西，这就是数学观念和运用数学的意识。因为学生如果不从事与数学相关的领域，那他们学过的具体数学定理、公式和解题方法大多是用不上的，但不管从事什么工作，其从数学化活动中获得的数学思维方式与看问题的着眼点，把现实世界转化为数学模式的习惯，努力揭示事物本质与规律的态度等，却会随时随地影响着他们。

张奠宙曾举过一个例子，一位中学毕业生在上海和平饭店做电工，由于地下室到10楼间的一根电线与众不同，现需测知其电阻。在别人因为距离而感到困难的时候，他想到对地下室到10楼间的三根电线进行统一处理。他在10楼将电线两两相接，在地下室分三次测量，然后用三元一次方程组计算出了需要的结果。这位电工后来又做过几次类似的事情，他也因此很快得到了上级的赏识与重视。这位电工解决问题的方法，并不完全解答数学题的方法，而是得益于他运用数学的意识。在现实生活中运用数学观念与意识，可以把复杂问题转化为简单问题，可以揭示问题的本质与规律，更经济高效地处理问题，从而凸显卓尔不群的才干，进而提高工作与生活的质量。

（二）数学现实思想的内涵及其现实意义

1.数学现实思想的内涵

新课程改革倡导教师引入新课时要根据学生的生活经验与已有的数学知识创设情境，类似的观点早在半个世纪前就在弗赖登塔尔的教育论著中被提出。他强调，教学"应该从数学与它所依附的学生亲身体验的现实之间去寻找联系"，并指出"只有源于现实关系，寓于现实关系的数学，才能使学生明白和学会如何从现实中提出问题与解决问题，如何将所学知识更好地应用于现实"。弗赖登塔尔的"数学现实"思想告诉我们，每个学生都有自己的数学现实，即接触到的客观世界规律以及与这些规律有关的数学知识结构。它不但包括客观世界的现实情况，也包括学生使用自己的数学能力观察客观世界所获得的认识。教师的任务在于了解学生的数学现实并不断地扩展提升学生的数学现实。

2.数学现实思想的现实意义

数学现实思想说明了创设情境的真正教学意图及创设恰当情境对于教学的重要意义。首先，情境应该源于学生的生活常识或认知现状。源于生活常识的引入方式可以摆脱机械灌输概念的弊端，现实情境的模糊性与当堂知识联系的隐蔽性更有利于学生进行"数学化"活动，有利于学生自己拿主意，自己找方法，自己定策略，逐步积淀生成正确的数学意识与观念；基于学生认知现状创设情境是学生进行意义建构的基本要求。其次，教师有效教学的必要前提是了解学生的数学现实，一切过高与过低的、与学生数学现实不吻合的教学设计必定不会有好的教学效果。"如果我不得不把全部的教育心理学还原为一条原理的话，我将会说，影响学习最重要的因素是学生已经知道了什么。"奥苏贝尔的话恰好也道出了数学现实对教学的重要意义。

（三）"有指导的再创造"的思想内涵及其现实意义

1."有指导的再创造"中"再"的意义及启示

弗赖登塔尔倡导按"有指导的再创造"原则进行数学教学，即要求教师为学生提供自由创造的广阔天地，把课堂上本来需要教师传授的知识、浸润的观念变为学生在活动中自主生成、感受的东西。弗赖登塔尔认为，这是一种最自然、最有效的学习方法。这种以学生的数学现实为基础的创造性学习过程，是让学生重复一些数学发展史上的创造性思维的过程。但它并非亦步亦趋地沿着数学史的发展轨迹让学生在黑暗中摸索前行，而是通过教师的指导，让学生绕开历史上数学前辈们曾经陷入的困境和僵局，避免走他们走过的弯路，浓缩探索的过程，依据学生现有的思维水平，使其沿着一条改良修正的道路快速前进。所以，"再创造"中"再"的关键是：教学中不是简单重复数学相关知识的形成过程，而是结合这一过程，结合教材内容，更要结合学生的认知现实，致力于历史的重建或重构。弗赖登塔尔的理由是："数学家从来不按照他们发现、创造数学的真实过程来介绍他们的工作，实际上经过艰苦曲折的思维推理获得的结论，他们常常以'显而易见'或'容易看出'轻描淡写地一笔带过；而教科书则做得更彻底，往往把表达的思维过程与实际创造的进程完全颠倒，因而完全阻塞了'再创造的通道'。"

如今的许多常规课堂，由于课时紧，教师自身水平有限、工作负担重，学生应试压力大等，教师常常用开门见山、直奔主题的方式来进行教学引入，按"讲解定义—分析要点—典例示范—布置作业"的套路教学，学生则按"认真听讲—记忆要点—模仿题型—练习强化"的方式日复一日地学习。然而，数学课如果总是以这样的流程来操作，学生失去的将是亲身体验知识形成中对问题的分析与比较，对解决问题中策略的自主选择与评判，对常用手段与方法的提炼与反思的机会。杜威说："如果学生不能筹划自己解决问题的方法，自己寻找出路，他就学不到什么，即使他能背出一些正确的答案，百分之百正确，他还是学不到什么。"所以，学习数学家的真实思维过程对学生数学能力的发展至关重要。有学者认为："人们不是常说，要学好学问，首先就要学做人吗？在数学学习中，怎样学习做人？学做什么样的人？这当然就是要学做数学家！要学习数学家的'人品'。而要学做数学家，当然首先就要学习数学家的眼光！"这只能从数学家"做数学"的思维方式中去学习。

德·摩根就提倡这种"再创造"的教学方式。他举例说，教师在教代数时，不要一下子把新符号都解释给学生，而应该让学生按从完全书写到简写的顺序学习，就像最初发明这些符号的人一样。庞加莱认为："数学课程的内容应完全按照数学史上同样内容的发展顺序展现给读者，教育工作者的任务就是让孩子的思维经历其祖先之所经历，迅速通过某些阶段而不跳过任何阶段。"波利亚也强调学生学习数学应重新经历人类认识数学的重大几步。

例如，从1545年卡丹讨论虚数并给出运算方法，到18世纪复数被人们普遍接受，经历了200多年的时间，其间包括大数学家欧拉都曾认为这种数只存在于"幻想之中"。教师教授复数时，当然无须让学生重复当初人类发明复数的艰辛漫长的历程，但可以把复数概念的引入设计成当初数学家们遇到的初始问题，即"两数的和是10，积是40，求这两数"，让学生经历当初数学家们遇到的困境。这时，教师让学生了解从自然数到正分数、负整数、负分数、有理数、无理数、实数的发展历程，以及数学共同体对数系扩充的规则要求。启发学生，前面的每一种数都有几何表征与运算法则，那么复数是否有几何表征？复数的运算法则又是什么样的？……这样的教学既避免了学生无方向的低效摸索，又让学生在教师科学有效的引导下像数学家一样经历了数学知识的创造过程。在这一过程中学生获得的智能发展，远比被动接受来得透彻与稳固。

2.“有指导的再创造”中“有指导”的内涵及现实意义

弗赖登塔尔认为，学生的“再创造”，必须是“有指导”的，因为学生在“做数学”的活动中常处于结论未知、方向不明的探究环境中，若放任学生自由探究而教师不作为，学生的活动极有可能陷入盲目、低效或无效境地。打个比方，让一个盲人靠自己摸索到他从来没有去过的地方，他或许会花费许多的时间，碰到无数的艰辛，摸爬滚打，最终到达目的地，但更有可能摸索到最后还是无功而返。如果把在探索过程中的学生比喻为看不清知识前景的“盲人”，那教师作为一个知识的明眼人，就应该始终站在学生身后的不远处。学生碰到沟壑，教师能上前牵引他；学生走错了方向，教师能上前把他指引到正确的道路上来，这就是教师“有指导”的意义。另外，学生并不是经过数学化活动就能自动生成精致化的数学形式定义，事实上，数学的许多定义是人类经过上百年、数千年，通过一代代数学家的不断继承、批判、修正、完善，才逐步精致严谨起来的，想通过几节课就让学生自己生成出形式化概念是不可能的。所以说，学生的数学学习，主要还是一种文化继承行为。弗赖登塔尔强调，“指导再创造意味着在创造的自由性与指导的约束性之间，以及在学生取得自己的乐趣和满足教师的要求之间达到一种微妙的平衡”。当前教学中有一种不好的现象，即把学生在学习活动中的主体地位与教师的必要指导相对立，这显然与弗赖登塔尔的思想相背离。当然，教师的指导最能体现其教学智慧，这体现在其在何时、如何介入学生的思维活动。

（1）何时指导——在学生处于思维的迷茫状态时指导。不给学生充分的思考余地，不让学生经历一段艰难曲折的探究过程，教师就介入活动，这不是真正意义上的“数学化”教学。在教师的过早干预下，也许学生的知识、技能学得快一些，但学得快忘得更快。所以，教师只有在学生心求通而未得点拨，在学生的思维偏离了正确的方向时指导，才能充分发挥师生双方的主观能动性，让学生在探究中体会数学思维的特点与数学方法的魅力。

（2）如何指导——用元认知提示语指导。在“做数学”的活动中，启发学生的最好方式是用元认知提示语，教师要根据探究目标隐蔽性的强弱，知识目标与学生认知结构潜在距离的远近，设计或隐或显的元认知问题。一名优秀的教师一定是善用元认知提示语的。

第三节 建构主义的数学教育理念

在教育心理学中正在发生着一场革命，人们对它叫法不一，但更多人把它称为建构主义的学习理论。20 世纪 90 年代以来，建构主义学习理论在西方流行起来。建构主义是行为主义发展到认知主义之后的进一步发展，被誉为当代心理学的一场革命。

一、建构主义理论概述

（一）建构主义理论

建构主义理论是在皮亚杰的"发生认识论"、维果茨基的"文化历史发展理论"和布鲁纳的"认知结构理论"的基础上逐渐发展形成的一种新的理论。皮亚杰认为，知识是个体与环境交互作用并逐渐建构的结果。在研究儿童认知结构发展中，他还提到了几个重要的概念：同化、顺应和平衡。同化是指当个体受到外部环境刺激时，用原来的图式去同化新环境所提供的信息，以求达到暂时的平衡状态；若原有的图式不能同化新知识，将通过主动修改或构建新的图式来适应环境并达到新的平衡，这个过程即顺应。个体的认知总是在"原来的平衡—打破平衡—新的平衡"的过程中不断地向更高的状态发展和升级。在皮亚杰理论的基础上，各专家和学者从不同的角度对建构主义进行了进一步的阐述和研究。科恩伯格对认知结构的性质和认知结构的发展条件做了进一步的研究；斯滕伯格和卡茨等人强调个体主动性的关键作用，并对如何发挥个体主动性在建构认知结构过程中的关键作用进行了探索；维果茨基从文化、历史、心理学等角度研究了人的高级心理机能与"活动""社会交往"之间的密切关系，并最早提出了"最近发展区"理论。这些研究都使建构主义理论得到了进一步的发展和完善，为其应用于实际教学提供了理论基础。

（二）建构主义理论下的数学教学模式

建构主义理论认为，学习是学生用已有的经验和知识结构对新的知识进行加工、筛选、整理和重组，并实现学生对所获得知识的主动建构，要突出学生的主体地位。所谓以学生为主体，并不是对其放任自流，教师要做好引导者、组织者，也就是说，在承认学生主体地位的同时也要发挥好教师的作用。因此，以建构主义为理论基础的教学应注意：

1.发挥学生的主观能动性，把问题还给学生，引导学生独立地思考和发现，并能在与同伴相互合作和讨论中获得新知识。

2.学生对新知识的建构要以原有的知识经验为基础。

3.教师要扮演好学生忠实的支持者和引路人的角色。教师一方面要重视情境在学生建构知识中的作用，将书本中枯燥的知识放在真实的环境中让学生去体验，从而帮助学生自我创造，达到意义建构的目的；另一方面要留给学生足够的时间和空间，让尽量多的学生参与讨论并发表自己的见解，学生遇到挫折时，教师要积极鼓励，学生取得进步时，教师要给予肯定并指明新的努力方向。

数学教学采用"建构主义"的教学模式是指以学生自主学习为核心，以数学教材为学生知识意义建构的对象，由数学教师担任组织者和辅助者，以课堂为载体，让学生在原有数学知识结构的基础上将新知识与之融合，从而引导学生形成新的知识，同时也促进了学生数学素养、数学能力的提高。教学的最终目的是让学生能实现对知识的主动获取和对已获取知识的意义建构。

二、建构主义学习理论的教育意义

（一）学习的实质是学生的主动建构

建构主义学习理论认为，学习不是教师向学生传递知识信息、学生被动地吸收的过程，而是学生自己主动地建构知识的意义的过程。这一过程是不可能由他人代替的，每个学生都是在其现有的知识经验和信念基础上，对新信息主动进行选择、加工，从而建构起自己的理解，而原有的知识经验系统又会因新信息的进入发生调整和改变。这种学习的建构，一方面是对新信息的意义的建构，另一方面也是对原有经验的改造和重组。

（二）建构主义的知识观和学生观要求教学必须充分尊重学生的学习主体地位

建构主义认为，知识并不是现实的准确表征，它只是对现实的一种解释或假设，并不是问题的最终答案。知识不可能以实体的形式存在于个体之外，尽管人类通过语言符号赋予了知识一定的外在形式，甚至这些命题还得到了较普遍的认可，但这些语言符号充其量只是承载着一定知识的媒体，并不是知识本身。学生若想获得这些言语符号所承载的真实意义，必须借助自己已有的知识经验将其还原，即按照自己的理解重新进行意义建构。所以教学应该让学生从原有的知识经验中"生长"出新的知识经验。

（三）课本知识不是唯一的正确答案，学生学习是检验和调整经验的过程

建构主义学习理论认为，课本知识仅是一种关于各种现象的比较可靠的假设，只是对现实的一种可能更正确的解释，而绝不是唯一的正确答案。这些知识在进入个体的经验系统并被接受之前是毫无意义可言的，只有通过学生在新旧知识经验间反复相互作用后，才能建构起它的意义。所以，学生学习这些知识时，不是像镜子那样去"反映"，而应在理解的基础上对这些假设做出自己的检验和调整。

学生的头脑不是一块白板，他们对新知识往往是以自己的经验为背景来分析其合理性的，而不是简单地套用。因此，不宜强迫学生被动地接受，不应让学生机械模仿与记忆，不能把知识作为预先确定了的东西让学生无条件地接纳，而应关注学生是如何在原有的经验基础上使新旧经验相互作用而建构知识意义的。

（四）学习需要走向"思维的具体"

建构主义学习理论批判了传统课堂学习中"去情境化"的做法，强调情境性学习与情境性认知。他们认为学校常常在人工环境而非自然环境中教授学生那些从实际中抽象出来的一般性的知识和技能，而这些东西常常会被遗忘或只能保留在学生的脑海中，学生一旦走出课堂，这些知识和技能便很难被回忆起来，因此这些把知识与实际分开的做法是错误的。为了使学生更好地学习、保持和使用其所学的知识，必须让学生在自然环境中学习或在情境中进行活动性学习，促进知行结合。

情境性学习要求教师给学生的任务要具有挑战性与真实性，稍微超出学生的能力，

有一定的复杂性和难度。情境与学生的能力形成一种积极的不相匹配的状态，即认知冲突。学生在课堂中不应学习教师提前准备好的知识，而应在解决问题的探索过程中从具体走向思维，并能够达到更高的知识水平，即由思维走向具体。

（五）有效学习需要在合作中及"支架"下展开

建构学习理论认为，学生以自己的方式来建构事物的意义，不同的人理解事物的角度是不同的，这种不存在统一标准的客观差异性本身就构成了丰富的资源。通过讨论、互助等形式的合作学习，学生可以超越自己的认识，更加全面、深刻地理解事物，看到那些与自己不同的理解，检验与自己相左的观念，学到新东西，改造自己的认知结构，对知识进行重新建构。学生在合作学习中不断地对自己的思考过程进行再认识，对各种观念加以组织和改组，这种学习方式不仅会逐渐地提高学生的建构能力，而且有利于今后的学习和发展。

教师应为学生的学习和发展提供必要的信息和支持。建构主义者称这种提供给学生、帮助他们提高现有能力的支持形式为"支架"，它可以减少或避免学生在认知中出现不知所措或走弯路的情况。

（六）建构主义的学习观要求课程教学改革

建构主义认为，教学过程不是教师向学生原原本本地传递知识的过程，而是学生在教师的帮助指导下自己建构知识的过程。所谓建构，是指学生通过新旧知识经验之间的相互作用，来形成和调整自己的知识结构。这种建构只能由学生本人完成，意味着学生是被动的刺激接受者。因此在课程教学中，教师要尊重和培养学生的主体意识，创设有利于学生自主学习的课堂情境和模式。

（七）课程改革取得成效的关键在于建构主义教学观

建构主义的学习环境包含情境、合作、交流和意义建构等四大要素。与建构主义学习理论以及建构主义学习环境相适应的教学模式可以概括为：以学习为中心，教师在整个教学过程中起组织者、指导者、帮助者和促进者的作用，利用情境、合作、交流等学习环境要素充分发挥学生的主动性、积极性和首创精神，最终达到学生对当前所学知识有效地意义建构的目的。在建构主义的教学模式下，目前比较成熟的教学方法有情境教学、随机通达教学等。

（八）课程改革需要以建构主义的思想培养和培训教师

新课程改革不仅改革了课程内容，也对教学理念和教学方法进行了改革，探究学习、建构学习成为课程改革的主要理念和教学方法之一，期许教师能够指导和促进学生的探究和建构任务，教师自身就要接受探究学习和建构学习的训练，建立探究和建构的理念，掌握探究和建构的方法，在教学实践中自主地指导和运用建构教学，激发学生的学习兴趣，培养学生探究的习惯和能力。

第四节 初等化教学理念

近几年来，随着国家对高等数学教育越来越重视，随着社会对专业技术人才需求形势的变化，高校迅速发展，招生规模也逐年扩大，这种发展同时也带来了一个问题，就是学生的文化基础参差不齐。部分学生数学思维能力低、数学思想不足，学习突出强调数学思想的高等数学是比较困难的。高等数学教育属于高等教育，但是又不同于高等教育。高等教育的根本任务是培养生产、建设、管理和服务第一线需要的德智体美全面发展的高等技术应用型专门人才，而高等数学教育所培养的学生应重点掌握从事本专业领域实际工作的基本知识和职业技能，所以高等数学就是服务于各类专业的一门重要的基础课。数学在社会生产力的提高和科技水平的快速发展上发挥着不可估量的作用，它不仅是自然科学、社会科学和行为科学的基础，而且也是每个学生必须具备的一门学科知识，所以高等数学教育应重视数学课；但又因为高等教育自身的特点，数学课不应过多强调逻辑的严密性、思维的严谨性，而应将其作为专业课程的基础，采取初等化教学，注重知识的应用性、学生思维的开放性、解决实际问题的自觉性，以提高学生的文化素养，增强学生的就业能力。

从教材上来说，过去的高等数学教材不是很实用。进入 21 世纪后，教育部先后召开了多次全国高等数学教育产学研经验交流会，明确了高等数学教育要"以服务为宗旨，以就业为导向，走产学研结合的发展的道路"，这为高等数学教育的改革指明了方向。在编写高校的高等数学教材时，相关人员就特别注意了针对性及定位的准确性——以高校的培养目标为依据，以"必需、够用"为指导思想，在体现数学思想为主的前提下删繁就简，深入浅出，做到既注重高等数学的基础性，适当保持其学科的科学性与系统性，同时更突出它的工具性；另外注意教材编排模块化，为分层次、选择性的教学服务。在高等数学的教学上基本改变了过去重理论轻应用的思想和现象，确立了为专业服务的数学理念，强调理论联系实际，突出基本计算能力和应用能力的训练，满足了"应用"的主旨。

数学在人类形成理性思维方面起着核心的作用，人们所受到的数学训练、所领会的数学思想和精神，无时无刻不在发挥着积极的作用，成为取得成功的重要的因素。所以，在高等数学的教学中，要让学生尽可能多地掌握一些数学思想。另外，数学是工具，是服务于社会各行各业的工具，作为工具，它的特点应该是简单，能把复杂问题简单化，才是真数学。因此，若能在高等数学教学中用简单的初等方法解决相应问题，让学生了解同一个问题可以从不同的角度、用不同的方法去解决，对开阔学生的学习视野，提高学生学习数学的兴趣与能力都是很有帮助的。

微积分是高等数学的主要内容，是现代工程技术和科学管理的主要数学支撑，也是高校各类专业学习高等数学时的首选。要进行高等数学的教学改革，对微积分教学的研究必然是首位的。所谓微积分的初等化，简单说就是不讲极限理论，直接学习导数与积分，这种方法也是符合学生认知规律与数学的发展过程的。纵观微积分的发展史，是先有导数和积分，后有极限理论。实际生活中有大量事物存在变化率问题，有各种各样的求积问题，才有了导数和定积分的产生；为使微积分理论严谨化，才有了极限的理论。学习微积分，能使学生拥有用数学处理实际问题的思想与方法，提高学生举一反三、用数学知识去解决实际问题的能力。

在初等化微积分中，通过对实际问题的分析引入了可导函数的概念，使学生清楚地看到问题是怎样被提出的，数学概念是如何形成的。类比中学时接触到的用导数描述曲线、切线斜率的问题，使学生了解到同一个问题可以用不同的数学方法去解决的事实，从而有效培养学生的发散思维及探索精神。在高等数学初等化教学中，极限的讲述是描述性的，难度大大下降，体现了数学的简单美。

在微积分的教学中，教师一方面要渗透数学思想，另一方面要掌握学生继续深造的实际情况。所以高等数学中微积分初等化的教学可以进行以下尝试。

1.微分学部分

微分学部分的教学采取传统微分学的"头"结合初等化教学方式的"尾"的方法，

即"头"是传统的教学方式，依次讲授"极限—连续—导数—微分—微分学的应用"，其中极限理论抓住无穷小这个重点，使学生掌握将对极限问题的论证化为对无穷小的讨论的方法；"尾"的教学引入"强可导"的概念，简单介绍可导函数的性质及其与点态导数的关系，把"微分的初等化"作为微分学教学的最后一步，为后面积分概念的引入及学习积分的计算奠定基础，架起桥梁。此举不仅能使学生获得又一种定义导数的方法，更重要的是可以揭去数学概念神秘的面纱，开阔学生的眼界，丰富学生的数学思维，激发学生敢于思考、探索、创造的自信心。

2.积分学部分

积分学部分的教学采取初等化积分学的"头"结合传统教学方式的"尾"的讲法。积分学"头"的教学首先通过实际问题驱动，引入、建立公理化的积分概念，再利用可导函数的相关性质推出牛顿—莱布尼茨公式，解决定积分的计算问题，最后从求曲边梯形面积外包、内填的几何角度，介绍传统的积分思想。如此不但使学生学习了积分知识，而且使学生学习了数学的公理化思想，学习了解决实际问题的不同数学方法，对培养、提高学生的数学素质大有益处。

由于导数、积分等概念只不过就是一种特殊的极限，若将极限初等化了，导数、积分等自然就可以初等化了，所以可以不改变传统的微积分讲授顺序，只是重点将极限概念初等化，也就是用描述性语言来讲极限。这虽然与传统的微积分教学相比没有太大的改动，但却能使学生对极限有关的知识，不仅有了描述性的、直观的认识，而且还能学会对与极限有关的问题进行证明，达到了培养、提高学生论证数学的思想与能力的目的。

用初等化方法教授高等数学，既符合高校教育的特点，满足高校学生的学习需求，又能让学生掌握应有的高数知识和数学思想，对提高学生的素质十分有益。

第三章 高等数学教学模式

第一节 基于移动教学平台的高等数学教学

高等数学是理工科院校开设的重要公共课，其重要性体现在高等数学中严谨的思维方式和解决问题的科学方法，是培养学生创新能力的重要基础。因此，高等数学的教学质量与教学效果直接关系到学生的学习效果，并将直接或间接地影响学生后续课程的学习，最终影响高校的高质量人才培养。

目前，有些高校对高等数学在高等教育中的定位不够清晰，对数学的"适度，够用"的原则理解片面，只是盲目地压缩教学课时，删减教学内容，没有弄清楚学习高等数学对于培养"实用型、应用型、创新型"人才的作用。从学生方面看，有些学生不理解学习高等数学有何用处，一些专业的学生认为自己不需要学习高等数学，甚至认为学习高等数学是浪费时间，还有很多学生认为高等数学太抽象，太难理解，导致学生学习高等数学的积极性不高，产生了仅仅是为了应付考试而去学习的想法。因此，亟须提升高等数学的课堂教学质量。

一、提升高等数学教学质量的保障

近十年来，国内教育界不断尝试将现代传媒手段应用于教学，目前，慕课平台已经推出国内一些名校的高等数学课程；全国高校数学微课程教学设计竞赛也已经举办多届，评选出了千余件优秀作品。在教育信息化的时代，如果将慕课、微课等优质在线教学资源有效地引入高等数学课堂，将为高等数学教学质量的提升提供强有力的资源保障。

同时，随着科技的发展和人民生活水平的提高，高性能智能手机几乎成为大学生的标配，每个学生或多或少地都有"手机依赖症"。如果能够引导学生正确使用手机，使手机从娱乐工具变成学习工具，那么将为高等数学教学质量的提升提供有力的学习主体保障。

随着移动互联网技术的发展、移动智能终端的普及，以及各高校网络建设的不断完善，高校教师已经开始利用各移动平台教学。当前，支持移动终端设备使用的教学平台有很多，为高等数学教学质量的提升提供了有力的平台保障。

二、高等数学混合式教学模式

一般的移动教学平台都有备课区和课堂区两大区域及互动、作业、话题、资料、测试五大模块。教师在备课时，可以将教学课件存放在资料模块，设置好课堂上的互动内容和题目。如果教师在课上要进行测试，可以设计好测试题目并将其上传至平台。移动教学平台通常还设置有考勤、抢答、提问等功能，使用这些功能可以激发学生学习的积极性，提高课堂教学效率。

以下以"函数的单调性与曲线的凹凸性"这节课为例，介绍基于移动教学平台的混合式教学模式在高等数学课堂教学中的应用。

1.课前

准备阶段主要分为教师备课、学生预习、课堂互动三个部分。教师要形成关于教学内容、方法和体系的初步认识与理解，以课件和微视频的形式向学生提供资料。慕课平台上有近千个高等数学相关课程，因此教师可以直接将课件与筛选出的视频上传至资料模块，供学生预习使用。

根据面授教学内容和学生特点，本节课设计有试题互动环节。互动分为学生与资源互动、学生与教师互动、学生与学生之间的互动三部分。试题互动可以首先发起学生与资源的互动，然后在面授过程中该互动会引出学生与教师、学生与学生之间的互动。因此，教师可分别对单调性和凹凸性两部分内容设置课堂互动。

2.课上

面授过程中教师与学生都会参与信息的交互，为体现以学生为主体的教育理念，本节课的授课流程如下。

（1）向学生说明本节课的教学内容和教学方式。

（2）第一小节课首先播放函数单调性的教学视频，（视频时长 10 分钟左右）；接着在移动教学平台上发起试题互动，学生完成练习（时长 20 分钟）；然后在平台上展示大家的成果，选择学生进行板书演示，教师和同学点评（时长 15 分钟）；最后教师总结。

（3）第二小节课首先播放函数凹凸性的教学视频，（视频时长 10 分钟左右）；接着在移动教学平台上发起试题互动，学生完成练习（时长 20 分钟）；然后在平台上展示大家的成果，选择学生进行板书演示，教师和学生点评（时长 15 分钟）；最后教师总结。

在这个教学流程的设计中，教师从单一的课堂讲授者转变为课堂的组织者和管理者。从知识传递方面，由教师的"满堂灌"转变为学生的"听—练—讲—讨论"，使学生真正成为课堂的主体。在学生讲解展示环节，基于不同的知识积累，对同一道题目学生的理解和求解方法不再单一，从而达到了一题多解的目的，在无形中丰富了教学内容。

3.课后

课堂教学完成后，学生可以按照自己的学习程度和时间安排在平台上再次观看微课视频和课件，进一步理解课堂内容。教师可以在平台上编辑好作业后发送给学生，学生在移动终端上可以查看作业，完成作业后再上传作业。教师在线批改作业、评分，从而了解学生的知识掌握情况。另外，学生还可以围绕学习中遇到的问题、难点和自己的想法，利用平台和任课教师进行探讨与交流。

三、评价与反思

教学反思是指教师对教学活动所涉及的种种问题多视角、多层次地反复深入审视与思考的过程与行为。有效的教学反思是提升课堂教学质量的重要手段。教师在播放微课视频的过程中注意到，在 10 分钟左右的视频播放时间内，几乎所有学生都能集中注意力学习。在互动环节，学生能及时完成测试题并热烈讨论。但由于是数学题，学生在手机上作答互动，输入有些麻烦。在课堂展示环节，由于部分学生在中学时接触过单调性的判别，所以出现了同一题目多人多种方法求解的情况，极大地调动了学生的积极性。在作业批改过程中，教师获取了学生课堂学习成效的相关信息，并将学生存在的问题及时通过平台告知学生。最后，教师总结混合式教学模式的优势与存在的问题，不断优化教学设计，达到提升高等数学教学质量的目的。

第二节 创新理念下的高等数学教学模式

新时代背景下，科学技术快速发展，国与国之间的竞争重点转移到创新能力上。各国都认识到创新能力的重要性，都将创新能力当成一种待开发的资源。在此基础上，我国现代化建设必须更加重视并依托"人才红利"。高等院校是开展高等教育的重要场所，在培养人才创新能力方面发挥着重要作用。高等数学作为高等教育不可缺少的重要课程，在培养学生创新意识、创新能力与逻辑思维能力等方面发挥着重要的作用，因此，以培养学生创新能力为核心对高等数学教学模式进行研究，具有重要的理论与实践意义。

一、制约大学生创新能力发展的因素

（一）学校方面

第一，大部分高校开设的高等数学课程内容较多，但学时相对较少，无法保证学生拥有充足的学习时间。

第二，部分高校对专业及课程的设置不够科学，无法做到厚基础、宽口径。高等数学虽然能够促进专业人才的培养，但专业知识面不够广不利于学生综合能力的发展，无法有效培养学生的创新能力。

第三，学校考核方式不够多元化。当前，大部分高校的高等数学考核方式都以期末考试为主。在调查中发现，已经有部分高校对考核进行优化，以"期末考试成绩70%＋平时成绩30%"的评判标准对学生进行考核，但还是无法从根本上改变考核方式单一的情况。高等数学考核缺乏对学生学习过程的考查，无法合理、科学地对学生的学习能力与成绩进行客观评价，单一的期末考试缺乏开放性与应用性题目，缺少对学生创新能力及综合能力的评价和考核。

（二）教师方面

受传统教育观念的影响，部分高校教师缺乏先进的教育理念，缺乏创新教学方式的意识，导致教学方法较为落后。教师的思维跟不上时代发展的脚步，也就无法在教学中引导学生进行创新。因此，想要培养学生的创新能力，首先就要改变教师传统的教育思想。在高等数学教学中，教师不应只重视知识结论，而应基于学生的真实情况，重视知识的探索过程，引导学生去思考，挖掘学生潜在的能力，以创新思维去学习和掌握高等数学。

（三）大学生自身方面

第一，部分大学生的创新意识非常强烈，但是不具备利用机会与条件进行创新的能力。多数大学生都具有创新动机，对创新也有一定的了解，都希望在学习中产生新的学习方法、先进的学习理念。但学生缺乏一定的创新经验，不能在实际中创造与利用机会，无法将自己的知识与经验进行有机结合，无法掌握高等数学的最新发展动态与有关学科知识的横向关系，较大程度地影响了其创新能力的发展。

第二，多数大学生的思维比较灵敏，但缺乏创新性。大学生因知识面不够广，无法将高等数学与其他学科有效整合，因此，在学习上不够灵活，无法全面、系统地看待问题。

二、以培养学生创新能力为核心构建高等数学教学模式

（一）整合优化教学内容

高等数学的应用较为广泛，是高等院校多个专业的基础必修课程，在具体应用方面不同的专业有较大差异。且因受学时的限制，学生的学习效果往往不够理想。若高校以"够用"为原则开展高等数学教学，就会缺乏对数学公式有关过程的推导，无法让学生深入了解公式的产生背景，不会将知识灵活运用。因此，有必要结合各专业的实际情况对教学内容进行整合优化，从而实现提升教学质量与效率的目的。

1.增加与本专业有关的要领性、理论性内容

就高等数学本身而言，大部分知识点的证明过于烦琐，且缺乏针对性，不是对每个专业都有用。所以，教师在备课时应结合各个院系以及不同专业的差异，删减部分与专

业无关的教学内容，再结合不同专业的需要与发展趋势，增加一些具有实用性、应用性以及创新性的内容。例如，在教授应用题和计算题时，教师可以针对这些题目开展讨论，引导学生由不同角度、通过各种方式去探索解题的方法，实现培养学生创新能力的目的。

2.开设数学建模与数学实验课程

数学建模能够发展学生的想象能力、观察能力以及创造能力，可以激发学生的创新意识。因此，可以通过让学生学习数学软件，掌握软件的应用技术，懂得利用软件来解决高等数学的计算问题。数学建模可让学生在未知的世界自由探索，使学生解决问题的能力及创新的能力得到提升。

（二）创新教学方法

过度重视过程演绎的教学将无法有效培养学生的创新意识与创新能力。传统的高等数学教育模式主要是培养学生的模仿能力，不利于学生创新能力的发展，所以有必要对教学方式进行创新，不断丰富高等数学的教学方法。例如，在教学中利用多媒体和数学软件等为学生创建一个培养创新思维能力的学习环境。教师应在课堂上引导学生积极表达对问题的不同见解，尊重学生的不同思维，鼓励学生大胆开拓创新，让学生敢于对"权威"观点与定论产生怀疑。应将传统的教学结构"提问—讨论—答辩—评价"转化为"问题—分析—探索—研究—创新（拓展）—评价"。

创新高等数学教学方法，可以从以下几个方面进行。

第一，在学习概念性的知识内容时，教师应引导学生对问题进行思考，使其能够透过现象看本质，让他们的思维能够融入这些概念所包含的数学理念，并感受理念产生的过程。例如，在讲解泰勒公式时，教师可以借助多项式近似表示任意函数导入、逼近问题，利用图形展示其误差；再融入一些相关的数学史知识，如泰勒、拉格朗日、麦克劳林、皮亚诺等数学家的个人简介及他们的成就，继而引出泰勒中值定理以及拉格朗日余项、麦克劳林余项、皮亚诺余项；最后，让学生深入认识和掌握泰勒公式。

第二，对于理论性的知识内容可合理融入一些有关的历史知识，以及结合专业与应用的实际问题导入教学内容，通过具体的、形象的例子，达到举一反三的效果。例如，在讲授微分中值定理时，由于其较强的理论性，教师可适当忽视理论证明，而通过各种动态软件来展示罗尔定理的正确性；在罗尔定理的基础上，以动态方式展示拉格朗日中值定理的几何意义；最后，结合中值定理，以抛射体运动为例，对微分方程的知识进行解说，从而为后面的知识点做铺垫。

第三，对于应用性的知识内容，教师可以实施"研讨式"教学法。首先，组织学生分组学习，各小组以某个知识点为主题自主学习。各小组先自学，查阅相关资料，对问题进行讨论、研究，最后获得结论，教师再进一步引导学生掌握知识点。例如，学习导数在经济学中的应用时，教师可根据学生掌握的导数知识逐步导入商业、经济学等相关问题，引导小组共同探讨建模。最后，小组通过研究探讨，获得边际成本、边际收入、边际利润、弹性函数等概念。在这个过程中，学生可利用已掌握的知识解决实际问题，不仅能锻炼解决问题的能力，还能培养创新意识与创新能力。

（三）建立科学合理的评价体系

传统的高等数学评价体系是根据学生的日常练习、基础知识的掌握以及运算、证明能力来进行考评的，这种缺乏创新的测试与考核制约着大学生创新能力的发展。所以，要在培养学生创新能力的基础上，建立一个科学、合理的高等数学评价体系，通过考核来激发学生的学习兴趣，提高学生的学习热情，将学生的被动学习转变为主动探索，进一步培养学生的创新能力。

1.注重过程性评价

过程性评价主要分为学生日常学习的表现评价、行为观察评价以及研讨式评价等，评价内容包括学生的课堂表现、上课考勤、作业完成情况，以及研讨式学习过程中的表现等。课堂表现与上课考勤一般是用于评价学生学习的参与程度、思考情况以及学习的积极性；作业一般是用于评价学生作业完成的情况和作业的质量；研讨式学习表现一般是用于掌握小组讨论情况、学生的自主学习情况以及学习态度等。从多个方面对学生进行考查，能够督促学生自主学习，让学生在掌握知识的同时进一步提升自己的创新能力。

2.突出开放性数学问题的评价

在高等数学的学习中，学生如何用已掌握的知识去解决开放性问题与应用性问题，是考核学生数学能力的主要评价依据。首先，教师要给出几个和学生专业相关的应用问题，让学生以小组形式协同合作，各小组查阅资料、相互探讨；然后，教师根据实际情况对小组进行指导；最后，教师对各小组的开放性报告进行评定。通过这个过程提升学生的交流能力与团队合作能力，提升学生收集信息、处理信息以及分析数据的能力，促进学生综合能力的发展，激发学生的学习热情，培养学生的创新能力。

3.弱化期末闭卷考试评价

教育的最终目的不单是要求学生掌握知识内容，还要让学生在掌握知识的过程中使自身综合能力有所提升。当前，高等数学的考核方式主要是期末的闭卷考试，但这种考核方式存在较大弊端。因此，教师可结合学生的专业特点设置不同的试题。例如，针对一般专业的学生，主要以客观题进行测验，包括判断题、选择题等；针对对数学能力与水平有一定要求的专业的学生，可以在客观题的基础上添加应用性问题，包括分析题、证明题等。教师应不断优化传统评价体系，合理减少期末闭卷考试在总评成绩中的比例，对出题模式、成绩评价等环节不断创新，从而实现对学生的科学评价。

社会在高速发展，当前人才的竞争就是创新能力的竞争，因此培养大学生的创新能力是社会发展的客观需求。而如何更好地培养大学生的创新能力，也是高等院校急需解决的问题。如今我国已步入全民创新创业的深入时期，因此高等教育必须充分抓住这个机遇，创新教育理念、优化教学方式，不断完善教学内容，建立科学创新的考核体系，以培养学生创新能力为核心，构建完善的高等数学教学模式。

第三节 基于分层教学法的高等数学教学模式

高等数学对学生的专业发展起到重要的补充作用。传统的高等数学教学模式已经不适合现代高等教育发展的需要，所以必须改变现有的教学模式，建立一种新型教学模式以适合现代企业的用人需求。本节主要介绍并分析了高等数学现有资源和学生学习状况、分层教学法在高等数学中应用的依据、高等数学分层教学实施方案及分层教学模式的反思。

一、现有资源和学生学习状况分析

（一）高等数学现有资源介绍

教材是教学最基础的资源，但现在高等数学教材基本都是公共内容，也就是知识比较多，但专业针对性不足。为了学生的专业发展，高等数学教材也一直在改变，但目前还是没有完全根据学生的专业发展进行有效的教学改革。传统高等数学教学就是对学生进行数学知识的普及，但现代高等教育对高等数学课提出了新要求，不仅要进行数学知识的普及，还要提升到为学生专业发展服务方面上来，就是在普及基础知识的过程中促进学生的专业发展，全面提高学生综合素养，培养企业需要的应用型高级技术人才。

（二）学生学习状况分析

高等数学本身就具有一定的难度，但现在应用型本科院校学生的数学基础普遍不好，有一部分学生的高考数学分数甚至都没有及格，这会给学生学习高等数学带来一定的难度。大学的教学方法、教学模式、教学手段与高中有一定的区别，大一就学习高等数学会给学生带来一定的挑战，教师需要根据学生的实际情况、专业特点，科学有效地采用分层教学法，着重提高学生的实践技能，增强学生的创新意识，提高学生的创新能力。

二、分层教学法在高等数学中应用的依据

分层教学法起源于美国教育家、心理学家布卢姆提出的"掌握学习"理论，这是指导分层教学法的基础理论知识，多年的实践也使其理论知识的应用有了一定的升华。现在很多高校在高等数学教学中采用分层教学法，因为学生来自祖国的四面八方，数学成绩参差不齐，分层教学法就是结合学生各方面的特点进行有效分班，科学地调整教学内容，对提高学生学习高等数学的兴趣起到一定的积极作用，也能解决由学生之间个性差异带来的问题。分层教学法可以根据学生的发展需要，采用多元化的形式对教学内容有效分层，其目标是提高学生学习高等数学的能力，提高学生利用高等数学解决实际问题的能力，全面培养学生的知识应用能力，这符合现代高等教育改革需要，能对培养应用型高级技术人才起到保障作用。

三、高等数学分层教学实施方案

（一）分层结构

分层结构是保障高等数学分层教学实施效果的关键因素，教师必须结合学生学习特

点及专业情况科学合理地进行分层。一般是根据学生的专业进行大类划分，比如综合型高校分理工类与文史类等，理工类也要根据学生专业对高等数学的要求进行科学合理的细分，同一类的学生还需要结合实际情况分班。不同层次的教学目标与教学内容都不同，但其总体目标都是提高学生学习高等数学的能力，提高学生数学知识的应用能力。分层结构必须考虑多方面因素，保障分层教学效果。

（二）分层教学目标

高等数学分层教学目标以知识的应用能力为原则，通过对高等数学基础知识的学习，让学生掌握一定的基础理论知识，提高逻辑思维能力，并根据专业特点重点培养学生在专业中应用数学知识解决实际问题的能力。高等数学分层教学目标必须明确，符合现代高等教育教学改革的需要，对提升学生知识的应用能力起到保障作用，同时为学生后续课程的学习打下基础。分层教学就是根据学生的发展方向，有目标地整合高等数学教学内容，结合学生学习特点采用项目教学方法，对提高学生的知识应用能力，分析问题、解决问题的能力起到重要作用。

（三）分层教学模式

分层教学模式是一种新型教学模式，是高等教学改革中常用的一种教学模式，根据学生需要采用多元化的方式分层，针对学生特点与发展方向进行科学有效的分层教学。根据每个层次学生学习能力的不同，确定不同的教学目标与教学内容，实施不同的教学模式，教学目标是全面提高学生高等数学知识的应用能力，能在具体工作中采用数学知识解决实际问题。研究型院校与应用型院校采用的分层教学模式也不同，应用型院校一般注重高等数学知识与学生专业知识进行有效融合，提高学生知识的应用能力。

（四）分层评价方式

以分层教学模式进行高等数学教学，经过实践证明是符合现代高等教育发展需要的，但检验教学成果的关键因素是教学评价，要以教学模式改革促进教学评价改革。对于应用型本科院校来说，教学评价需要根据高等数学教学改革需要进行过程考核，重视学生高等数学知识的应用能力，注重学生利用高等数学知识满足职业岗位能力的需求，取代传统的考试评价模式。高等数学也需要进行一定的理论知识考核，因为在具体工作过程中需要理论知识与实践相结合，这也是高等数学分层教学模式的教学目标。

四、分层教学模式的实践应用

分层教学模式在实际应用过程中需要注意一些方面。首先，教学管理模式有待改善。分层教学打破了传统的班级界限，这给学生管理带来了一定的影响，学校必须加强学生管理，对教学起到基本保障作用。其次，对教师素质提出了新要求。分层教学模式的实施要求教师不仅要具有丰富的高等数学理论知识，还应该具有较强的实践能力，符合现代应用型本科人才的培养需要。最后，教师应根据教学的实际需要，选择合理的教学内容，利用先进的教学手段提高学生学习兴趣，激发学生学习潜能，提高学生高等数学知识的实际应用能力。

总之，在高等教育教学改革的过程中，高等数学采用分层教学模式进行教学改革，是符合现代高等教育改革需要的，尤其在教学改革中体现高等数学为学生专业发展的服务能力，是符合现代公共基础课程职能的。高等数学在教学改革中采用分层教学模式，利用现代教学手段，采用多元化的教学方法，对提高学生的高等数学知识应用能力起到保障作用。

第四节 基于微课的高等数学教学模式

近年来，信息化教学改革随着教学实践的发展得到了深化，与此同时，"微课"这种信息化教学方式悄然兴起，并作为一种融合信息技术与教学的手段在国内被推广，从基础教育领域迅速扩展至高等教育领域。"全国高校微课教学比赛"和"中国微课大赛"等各类有关微课的赛事的举办，有关微课的网站的兴起，以及《中国高校微课研究报告》的出炉，都标志着微课已经成为教育信息化的重要部分。

一、高等数学教学中实施微课教学的必要性

目前，大学生多借助于多媒体的直观呈现和教师的课堂板书、课上讲解学习高等数学课程。多媒体辅助教学固然能避免"满堂灌"的教学方式带来的弊端，但这种教学模式依然存在较大的缺陷。而以 5～10 分钟的教学视频为核心的微课，将会成为常规教学模式的有益补充。相对于内容较宽泛的传统课堂，微课教学视频问题聚集、主题突出，更能满足教学需要。微课主要是围绕课堂教学中的某个知识点（如教学重点、难点、疑点内容）组织起来的教学资源，包括相关教学环节、教学主题的教与学活动，相对于传统一节课上要完成的复杂宽泛的教学内容，微课更加精简，重点更突出，再辅以针对知识点设置的单元练习，更符合学生的学习需求，进而有助于学生学习和把握重点知识，培养学生的学习兴趣，树立学习的自信心。所以，实施以微课为载体的高等数学教学，建设适应当代大学生实际情况的网络学习资源，将更加有利于学生的自主学习，有利于高等数学教学效率的提高。

二、高等数学教学中的微课教学

微课教学模式对新时期的教学工作者提出了更新、更高的要求。第一，高校教师要为学生提供具有高度准确性、概括性、生动性，能够快速吸引学生并激发其学习动力的学习素材。第二，教师还要针对微课中对应的知识点，建立习题库，让学生自主学习后及时巩固所学内容。第三，教师要建立适应学生特点的网络互动交流平台，将现代化的教学手段和传统的教育教学方法融合起来，使二者相得益彰，共同提高学生的学习效率。要完成上述目标，主要从以下几个方面着手。

（一）高等数学微课模块体系

基于微课的高等数学教学模式，应坚持以传统的课堂板书讲解为主，将相关知识理论传授给学生，同时根据课程的重难点内容，结合对学生的调查反馈，找到学生的共同薄弱环节，进而从众多的高等数学知识中选出若干知识点，做好微课教学模块体系的整体规划，分类开展微课的制作，避免避重就轻，无序开发。按照微课的不同呈现形式可分为课件微课、讲课微课和情景剧微课；按教学内容可分为知识点讲授微课、图形演示

微课、习题解答微课和专题讨论微课；按照教学环节可分为预习微课、新课导入微课、练习巩固微课、总结拓展微课和活动式微课等。

（二）高等数学微课教学方法

在教学方法上，教师应依然注重学生的知识基础，开展课前讨论、微课学习和课后答疑等教学活动，在每个教学环节中都应突出学生的主体地位，最大程度地发掘学生的主观能动性。同时，在教学过程中，教师应把握高等数学课程的总体结构框架和重难点知识的分布情况，引导学生找出高等数学的精髓所在，从而加强学生对于课程的理解和把握。

（三）高等数学微课教学内容

教师应该结合学生的专业开展有针对性的微课教学，比如在经管类专业的微课中，可以从复利问题出发引入幂级数的相关知识；在理工类专业的微课中，可以从蚂蚁逃离热源的路径选择问题中引出方向导数的相关知识。同时，教师要充分利用便捷的校园无线网络，信息时代空间和时间的自由性，通过社交软件及时向学生传递相关的学习资料，让所有学生都积极参与学习，平等自由地交流、互助，及时解答学生学习中的困惑，激发学生的学习热情和创造性。

（四）高等数学精品微课的建设

微课的研究和开发是一项长期的系统性的复杂工作，建设微课资源要经过选题设计和实际拍摄等多个环节。学校应鼓励教师积极参加全国高校微课教学竞赛，在竞赛中向同行学习，积累微课教学经验，提高高等数学微课资源建设水平。同时，学校应根据实际需要定期邀请专家名师，组织教师和学生参加基于微课的评课研讨活动，在实践中不断优化微课，努力建设微课精品课程库。

在信息时代背景下，随着无线网络的普及，微课以其便捷高效的特点赢得了十分广阔的教育应用前景。作为一种新型的学习方式，微课无疑给传统的高等数学教学模式带来了新的变革和挑战，微课必将成为课堂讲授的重要补充和拓展。高校教师应顺应时代发展方向，积极参与微课资源的建设，注重将高等数学理论知识和学生专业相结合，切实提高自己的专业素养和教学水平，在提高学生高等数学知识水平的同时培养学生的创新思维和创新能力。

第五节 基于问题驱动法的高等数学教学模式

问题驱动是高等数学教学中一种重要的教学方式，能够凸显学生在学习中的主体地位，激发学生学习兴趣，促进学生的自主学习，进而提高学生的高等数学水平。我国高等数学教学虽然已有较大发展，各类新型的教学模式也不断涌现，但是受各类因素的影响，依旧存在较多问题。因此，提高高等数学的教学质量成了高等数学教师面临的重大挑战。本节将对基于问题驱动法的高等数学教学模式进行分析。

随着教育事业不断发展，我国高等数学教学有了较大进步，教学设备与教学模式不断更新，较好地满足了学生的学习需求。在培养应用技术型人才这一新的高校发展理念背景下，教师要充分激发学生的学习兴趣，营造良好的课堂氛围，多与学生沟通交流，鼓励学生进行自主学习，从而提高学生的高等数学水平。但是很多教师都只是依照传统模式进行教学，没有及时了解学生的学习兴趣及学习需求，导致教学效率低下，教学质量不高。因此，教师应合理分析实际情况，合理应用问题驱动教学模式，充分调动学生的学习自主性，以保证教学效果。

一、问题驱动教学模式的优势

问题驱动教学模式以提出各类问题为基础，注重调动学生的好奇心、激发学生的学习兴趣，问题与教学内容紧密结合，能够较好地提高学生的实践能力，增强学生学习的有效性。因此，在高等数学教学中应用问题驱动教学模式具有较大的优势。

（一）提高学生的主体地位

在问题驱动教学模式下，受好奇心的影响，学生能够自主对各类问题进行思考和分析，根据自身所学来寻找解决问题的途径和方法。在获得一定成就感后，学生能够较好地提高学习积极性，进而自主探究更深层次的数学问题，满足自身的求知欲。如此便能提高学生在学习中的主体地位，为学生后期的高效学习做好准备。以往的高等数学教学中，教师为传授者、学生为接受者，教师往往采用"满堂灌"的方式教学，在没有及时了解学生的情况下，对各类知识进行无差别的讲解，学生学习的积极性和主动性自然较差，学习效率也较为低下，难以提高数学水平。问题驱动教学模式以学生为课堂主体，强调促进学生的自主学习、合作学习、探究学习，教师可依据课堂实际，设置不同形式和难度的问题，并对学生加以引导，及时帮助学生解决各类问题，以提高学生的数学学习能力。因此，在高等数学教学中应用问题驱动模式能够较好地提高学生的主体地位，为学生后期的高效学习做铺垫。

（二）提高学生的数学学习能力

"培养应用技术型人才"这一新的高校发展理念对学生提出了更高要求，学生除了能学习、会学习外，还必须学会创新，能够主动学习、自主探究，达到全面发展。问题驱动教学模式强调教授学生学习方法和学习技巧，而不只是固有的知识，这就要求教师加强对学生学习能力、思维能力与实践能力的培养，以更好地帮助学生学习数学知识。学生学习数学知识是为了解决实际问题，完善自身的数学知识体系，而问题驱动教学模式能够帮助学生对各类数学知识进行灵活运用，构建完善的数学知识体系，进而提高学生的数学学习能力，保证教学效果。

（三）提高学生的综合素质

在问题驱动教学模式下，学生能够积极地沟通交流，就相关问题进行讨论，查找相应的资料，从而培养创新意识与创新能力。在新课程标准下，学生须具备多项技能，不能只具备专业技能，如此也能够在后期的数学学习中得心应手，提高综合素质，而随着学习的不断深入，学生也应对自己提出更高的要求。在问题驱动教学模式的作用下，学生的学习环境得到改善，学习氛围也较为活跃，这样能够促进师生、生生之间的沟通交流，培养学生的合作意识，提高学生的综合素质，为学生步入社会奠定良好的基础。

二、在高等数学教学中应用问题驱动模式的方法

在高等数学教学中应用问题驱动模式时，教师应对实际情况进行合理分析，了解学

生的学习需求、学习兴趣与学习能力，充分发挥问题驱动教学模式的作用。在高等数学教学中应用问题驱动模式的方法如下。

（一）创设教学情境

学习数学的过程大多存在一定的枯燥性和复杂性，若学生的学习兴趣不强，就难以快速融入学习环境，从而影响教学效果。因此，教师在应用问题驱动教学模式时，为了更好地发挥问题驱动教学模式的作用，可创设相应的教学情境，激发学生的学习兴趣，促进教学工作的顺利开展。在创设相应的教学情境时，教师需对课堂实际情况进行合理分析，创设适宜的教学情境，让学生在良好的学习氛围中有效解决相应问题，以增长学习经验，提高学习兴趣。在情境的创设过程中，教师可将问题分成多个层次，遵照循序渐进的原则，引导学生逐渐掌握各类数学规律，总结经验，完善数学知识结构。例如，在学习空间中直线与平面的位置关系时，教师可先对教学内容进行合理分析，设置好同难度的问题，再通过多媒体表现空间中直线与平面的位置关系，营造良好的学习氛围，以激发学生的学习兴趣，之后让学生带着问题学习，并加强引导，让学生能够自主学习，从解决难度较低的问题逐渐过渡到解决难度较高的问题，以更好地提高学生的数学水平。

（二）加强学生间的合作

由于学生之间存在一定的差异，所以在思考问题时考虑的方向也不同，在这种情况下，可加强学生之间的合作，形成优势互补，进而改善教学效果。教师可依据实际情况对学生进行合理分组，鼓励学生合作，共同解决数学问题。如此，不仅能提高学生的数学水平，而且能增强学生的合作意识。

（三）加强学习反思

学习反思是提高学生数学水平的重要方式，加强学习反思至关重要。教师须合理分配教学时间，鼓励学生进行反思，并加强引导，提出需改进的地方，帮助学生增长学习经验。例如，在学习微分中值定理的相关证明时，教师可先让学生自主解决各类问题，并记录无法理解的知识点，之后教师针对部分难点进行讲解，并鼓励学生做好反思。教师应加强引导，多与学生沟通交流，以改善反思效果，确保教学质量。

第六节 数学文化观下的高等数学教学模式

高等院校肩负着培养新时期具有过硬的思想素质、扎实的基础知识、较强的创新能力的新型人才的重任。高等数学在不同学科、不同专业领域中所具有的通用性和基础性，使之在高校的课程体系中占有重要地位。高等数学所提供的思想、方法和理论知识是大学生学习其他课程、培养创新能力的重要工具，同时也能为学生的终身学习奠定坚实的基础。随着高等院校招生规模不断扩张，学生的知识基础较以前明显下降，导致学生对理论性很强的高等数学的学习情况不尽如人意，这不仅与学生的知识基础有关，也与传统的教学模式有很大关系。建构基于数学文化观的高等数学教学模式，将数学文化有机融入高等数学教学，形成相适应的教学体系，不仅能使学生获得数学知识，提高数学技能，最终提高数学素养，还能为学生的终身学习和可持续发展奠定良好的基础。

一、数学文化与数学文化观下的教学模式

数学文化观下的教学模式是一种主要基于数学文化教学理论，以培养学生数学意识、数学思想、数学精神和数学品质为目标的教学模式。构建数学文化观下的教学模式，是为了使教师的教学有章可循，更好地推广数学文化教学。

（一）数学文化

文化视角的数学观就是视数学为一种文化并且在数学与其他文化的交互作用中探讨数学的文化本质。在数学文化观下，数学思维不仅是弄懂数量关系与空间形式，更是一种对待现实事物的独特态度，是一种研究事物和现象的方法；在数学文化观下，把数学知识与数学知识的创造情境相分离的传统教学模式将会被摒弃；在数学文化观下，数学不再以孤立的、个别的、纯知识的形式呈现，而是融入整个文化体系结构。总之，数学作为一种文化，可使数学教学成为塑造新型人才的有力工具。

目前，将数学作为一种文化看待的观点已经得到广泛认同，但是迄今为止，"数学文化"还没有一个公认的贴切的定义，很多专家学者都只是从自己的认识角度阐述数学文化的内涵。从课程论的角度来理解，数学文化是指人类在数学活动中创造的物质产品和精神产品，物质产品是指数学命题、数学方法、数学问题和数学语言等知识性内容；而精神产品是指数学思想、数学意识、数学精神和数学美感等观念性内容。数学文化对人们的行为、观念、态度和精神等有着深刻影响，它对于提高人的文化修养起着重要作用。

（二）数学文化观下的教学模式

在数学文化观下，数学教学就是数学文化的教学，它不仅仅强调数学文化中的知识性内容，而且更注重其观念性内容对学生的熏陶。数学文化观下的数学教学肩负着促使学生全面发展的重任，它通过数学文化的传承，特别是数学精神的培养，来影响学生的心灵，从而达到提高学生数学素养的目的。但长期以来，人们总是把数学视为工具性学科，数学教学只重视数学的工具性价值，而忽略了数学的文化教育价值。到目前为止，高等数学教学仍采用以知识技能传授为主的单一教学模式，强调学生对数学基本知识的学习和基本计算能力的培养，缺少对数学文化内涵的揭示，缺少对学生数学精神、数学意识的培养。

二、对高等数学传统教学模式的反思

（一）高等数学现代教学模式总结

我国是有着两千多年文明历史的国家，在不同的历史时期，教学形式各有不同。新中国成立以来，高等数学教学模式经历了多次改革。新中国成立初期，受凯洛夫教育理论的影响，高等数学教学广泛采用"组织教学、复习旧课、讲授新课、小结、布置作业"的传统教学模式，后来的很多教学模式都是在这一基础上建立起来的。20世纪80年代，我国开始了高等数学教学模式改革，这一时期教学模式的改革以重视基本知识的学习和基本能力的培养为主流，并带动了其他有关教学模式的研究与改革。近年来，随着现代技术的进步和教学改革的不断深入，对高等数学教学模式的研究和改革呈现出生机勃勃的景象。从解决问题到开放性教学，从创新教育到研究性学习，从思想和方法的教学到审美教学等，高等数学的教学思想、方法和模式呈现出多元化发展的态势。现在比较提倡的教学模式有"自学—辅导"教学模式、"引导—发现"教学模式、"情境—问题"教学模式、"活动—参与"教学模式和探究式教学模式等。研究这些教学模式，学习和借鉴它们的研究思想和方法，能够为建构基于数学文化观的高等数学教学模式提供方法论支持。

1."自学—辅导"教学模式

"自学—辅导"教学模式是指学生在教师指导下自主学习的教学模式。这一模式的特点不仅体现在自学上，而且体现在辅导上。学生自学不是要取消教师的主导，而是需要教师根据学生的知识基础和学习能力，有针对性地启发、指导每个学生完成学习任务。"自学—辅导"教学模式能够使不同认知水平的学生得到不同的发展，充分发掘各自的潜能。当然，这一教学模式也有其局限性。第一，此模式要求学生具备一定的自学能力，并有良好的自学习惯；第二，此模式受教学内容的限制；第三，此模式要求教师有较强的加工、处理教材的能力。

2."引导—发现"教学模式

"引导—发现"教学模式主要是依靠学生自己去发现问题、解决问题，而不是依靠教师讲解。这一教学模式下的教学特点是，学习成为学生在教学过程中主动构建而不是被动接受的活动；教师是学生在学习过程中的促进者而不是知识的授予者。这一教学模式要求学生具有良好的认知结构；要求教师全面掌握学生的思维和认知水平；要求教材必须具有结构性，符合探究、发现的思维活动方式。运用这一教学模式能使学生主动参与高等数学的教学活动，使教师的主导作用、学生的积极性与主动性都得到充分发挥。

3."情境—问题"教学模式

"情境—问题"教学模式经过多年的研究，形成了"设置数学情境—提出数学问题—解决数学问题—应用数学知识"的较稳定的四个环节。在这一模式的四个环节中，设置数学情境是前提，提出数学问题是重点，解决数学问题是核心，应用数学知识是目的。运用这一模式进行数学教学，要求教师采取以启发为核心的灵活多样的教学方法；学生采取以探究为中心的自主合作的学习方法，其宗旨是培养学生的创新意识与实践能力。

4."活动—参与"教学模式

"活动—参与"教学模式也被称为数学实验教学模式，就是学生从问题出发，在教师的指导下进行探索性实验，并从实验中发现规律，提出猜想，进而论证的教学模式。事实上，数学实验教学模式早已存在，只是过去主要表现为测量、制作模型、实物或教具的演示等，较少用于探究、发现与解决问题。而现代数学实验是以数学软件的应用为基础,结合数学模型进行教学的新型教学模式。该模式能更充分地发挥学生的主体作用,有利于培养学生的创新精神。

5.探究式教学模式

探究式教学模式可归纳为"引入问题—探究问题—解决问题—知识建构"四个环节。探究式教学模式是把教学活动中教师传递、学生接受的过程变成以解决问题为中心、探究问题为基础,以学生为主体的师生互动探索的学习过程。目的在于使学生成为数学的探究者,使数学思想、数学方法、数学思维在解决问题的过程中得到体现。

(二)对高等数学传统教学模式的反思

1.教学目标单一

分析我国高等数学传统教学模式可以发现,其主要的教学目标是培养学生的知识与技能,多重视高等数学知识的传授,但忽视知识与实际的联系;多关注数学知识点的学习,但忽视学生数学素质的培养;强调教师的主导作用,但学生参与少,使学生完全处于被动状态,不利于激发学生的学习兴趣。这不符合数学教育的本质,更不利于培养学生的创新意识。

2.缺乏人文关怀

不能否认,传统的高等数学教学模式有利于向学生传授基础知识,培养学生的基本技能,但在这种课堂教学环境下,由于过于重视高等数学知识的传授,师生的情感交流较为缺乏,不仅学生情感长期得不到关照,而且学生发展起来的知识常是惰性的,体会不到知识与经验的关系。这就可能使学生对高等数学滋生厌恶情绪,导致学生对数学科学日益疏离。在这种数学课堂的教学中,教师始终占据主导地位,尽管也在强调教学的启发性以及学生的参与,但由于过度注重外在教学目标以及教学过程的预设性,很少给教学目的的生成留有空间,所以教学始终按照教师的思路在进行。这种控制性教学是去学生在场化的教学行为,在这样课堂上,人与人之间完整人格的相遇永远居于知识的传递与接受之后,这无疑在一定程度上造成了数学课堂教学中人文关怀的缺乏。

3.缺乏文化教育

高等数学课程不仅能使学生了解数学的发展和应用,而且是学生理解数学的一个有效途径,能够提升学生的数学素质。数学素质是指学生学习高等数学后所掌握的数学思想方法,所形成的逻辑推理思维习惯,所养成的认真严谨的学习态度及运用数学来解决实际问题的能力等综合形成的一种素质。传统的高等数学教育过于注重知识的系统性和抽象性，忽略了数学的文化教育，对于数学知识的发现过程及其背后蕴藏的文化内涵的揭示不够；没有给数学教学创造合理的有丰富文化内涵的情境，对学生数学文化修养的培养较缺少，使学生数学文化素质薄弱。

三、基于数学文化观的高等数学教学模式

（一）基于数学文化观的高等数学教学目标

数学是推动人类进步的重要学科之一，是人类智慧的集中表达。基于数学文化观的高等数学教育，就是要将其科学价值与人文价值进行整合。在数学文化教学理论的指导下，基于数学文化观的高等数学教学目标为：以学生为基点，以数学知识为基础，以育人为宗旨，在传授学生知识，培养、发展学生的智力及能力的基础上，使学生感悟数学是文化的本质，将数学看作一种既普遍又独特的与人类其他文化形式有同等价值地位的文化形象，最终达到对数学的文化陶醉与心灵提升，实现数学素质的养成。

（二）基于数学文化观的高等数学教学模式的构建

虽然现代教学模式已经打破了传统教学模式的框架，但学生的情感态度、数学素质的培养仍不是其主要教学目标。学习和研究现代教学模式的思想和方法，可以认识到构建数学文化观下的高等数学教学模式，并不意味着对传统教学模式的彻底否定，而是对传统教学模式的改造和发展。这是因为数学知识是数学文化的载体，数学知识和数学文化的教育没有也不应该有明确的分界线，因此对数学知识的学习和探究是数学教学活动的重要环节。立足于对数学文化内涵的理解，围绕基于数学文化观的高等数学教学目的，通过对高等数学教学模式的反思和借鉴，归纳形成了"经验触动—师生交流—知识探究—多领域渗透—总结反思"的教学模式。这一教学模式就是在教与学的活动过程中充分渗透数学文化，教师活动突出表现为"呈现—渗透—引导—评述"；学生活动突出表现为"体验—感悟—交流—探索"。

1.经验触动

学生的经验不仅指日常的生活经验，还包括数学经验，数学经验就是学习数学知识的经历与体验。想要触动学生的日常生活经验和数学经验，教师在教学中就要注重运用植根于文化血脉的数学内容设置教学情境，使学生从数学情境中获取知识、感受文化，

激发学生的学习兴趣和探究欲望。

2.师生交流

师生交流是指师生共同对数学文化进行探讨。数学文化教学的广泛性和自主探索、合作交流的学习方式都要求师生之间保持良好的沟通。严格来说，师生交流不仅指教师和学生的交流，也包括学生和学生的交流。师生交流是模式实施的重点，当然，师生交流不会停留在这个环节，它会贯穿于之后的整个课堂教学。

3.知识探究

知识探究是数学文化教学的必要环节。数学知识是数学文化的载体，两者是相互促进、相互影响的。学生在感受数学文化的同时，对相关数学知识进行提炼与学习，就是从另一个角度学习和体悟数学文化，是对数学文化教学的一种促进。

4.多领域渗透

多领域渗透是指教师跨越当前的数学知识和内容，不仅建立和其他数学知识的内部联系，而且能够拓展教学内容，使之渗透到其他学科的各个领域，使学生感受数学与其他领域的紧密联系，从而使学生深刻地感受到数学是人类文化的本质。

5.总结反思

总结反思就是对整堂课做回顾总结，加深学生对所学数学知识的理解，加深对数学文化的印象，也为下次数学学习积累经验。

基于数学文化观的高等数学教学模式是一种主要基于数学文化教学理论，以培养学生的数学意识、数学思想、数学精神、数学品质为教学目标的教学模式。数学文化氛围浓厚的课堂、数学素养深厚的教师、学生学习方式的转变都是该模式实施的必要条件。

四、高等数学教学模式的超越和升华

在高等数学的教学设计和教学过程中，具有教学模式意识是对现代教师的基本要求，选择教学模式，不是满足个人喜好的随意行为，而是要根据教学对象和教学内容合理选择。根据教学对象和教学内容选择适当的教学模式后，不可生搬硬套，将某种教学模式简单地移植到教学中，使教学模式变成生硬的条条框框，应该对教学模式进行改造、创新和超越，这才是创新教育的本质。

高等数学的课堂教学是一个开放的教学系统，课堂活动中任何微小的变化或偶然事件的发生，都可能导致课堂教学系统的巨大变化，这就需要教师及时、恰当地对教学方案做出调整。教学过程中的这种不确定性表明，教师需要运用教学模式组织教学，但更要超越教学模式，在教学过程中能灵活运用教学模式并超越教学模式，便是成熟、优秀的数学教师的重要标志。因此，成功地选择、组合、灵活运用教学模式，不受固定教学模式的制约，超越教学模式走向自由教学，最终实现"无模式化"教学，便是优秀的高等数学教师追求的最高境界。

第四章 高等数学教学创新研究

第一节 高等数学教学与学生专业的融合

高等数学是高等教育体系中最为重要的一门基础课程，高等数学的知识也几乎全部会应用到各专业基础课程与职业技能课程中。因此，将高等数学与学生专业融合有利于将高等数学打造成专业基础课程之一；在高等数学教学中开展专业教学，结合学生专业进行授课，可以提升高等数学课程的专业性。下面将针对我国高校的高等数学教学现状，从学生专业发展角度出发，探究如何基于学生专业特点有针对性地安排教学，以提升高等数学教学质量，并实现高等数学与专业的融合。

如今，高等数学在工学、理学以及经济学等领域皆具有重要作用，因此高校的高等数学教学应与专业课程紧密联系起来，促进学生对专业课程的学习。

一、高等数学教学与学生专业融合的价值

高等数学中的很多知识点对学生的专业学习都很重要，很多学生在学习专业课程时都要运用高等数学知识。实现高等数学教学与学生专业的融合，旨在根据各专业对高等数学知识的实际需求，改变常规的高等数学教学方式，突出学生的专业特点，选取合适的教材与教学资源，有针对性地展开高等数学教学，以奠定学生专业学习的基础。

对于经管类和理工类专业的学生而言，高等数学的知识点在其后续的专业课程中会反复出现，所以学生在学习高等数学时就应掌握好各种问题的处理技巧，了解数学思想以及逻辑推理方法，为后续专业课程的学习打好基础。

综上所述，高等数学教学应转变传统的知识传授型教学方式，结合学生专业的实际情况，将高等数学课程打造成专业基础课程，让学生学会应用高等数学知识，明白自己为什么要学习高等数学，了解高等数学在整个教学体系中的地位。

二、高等数学教学与学生专业融合的模式

想要达到社会对具有创新性思维以及创新能力的高素质人才的培养要求，高等数学应实现教学方法及教学手段的改革，基于学生专业对其高等数学水平的要求构建新的教学模式。

目前，高等数学教学主要有两种模式，一是分级分层的教学模式，二是与专业课程紧密结合的教学模式。前者的优势在于能兼顾学生的个性差异，有利于促进个体知识水平以及数学能力的提升。张涛等人在"高数分级"教学模式的论述中提到，分层教学的内容以及方法等都更加注重个体个性的张扬，以个体为教学主体，设计分层教学目标以及实施策略。后者则是要实现基础课程与专业课程的融合，将高等数学课程与专业课程紧密相连，认为高等数学课程应为专业课程教学服务，应遵循以人为本的原则，引导学生应用数学知识解决专业实际问题。

这两种教学模式各有千秋，无论哪一种都离不开专业课程与高等数学课程的配合，这就意味着高等数学教学不能脱离专业发展，要在教育体系中找好自身的定位，从后续专业课程学习需求、学生现阶段学习水平等入手，将教学内容与相应的专业知识点结合起来，从而挖掘高等数学知识的应用价值，保证高等数学教学能满足学生专业学习与职业发展的需求。

三、高等数学教学与学生专业融合的有效措施

（一）改变学生学习方式，融合专业实际案例

高等数学教学面临的主要问题就是学生学习兴趣低下、缺乏科学的学习方法。多数学生缺乏自主性，没有形成良好的学习习惯，在课上难以理解课程知识。因此，教师在解释知识点时，可采用专业相关的实例。例如在教授导数概念时，针对物理相关专业的

学生可用变速展现运动的瞬时速度举例，针对电子专业的学生可用电容元件的电压与电流关系模型举例，通过不同的实例引导学生通过专业知识理解导数，使高等数学教学内容更加贴近专业。

（二）树立专业服务理念，注重课程体系革新

高等数学教师应在融合教学中树立高等数学要为专业服务的教学理念，将高等数学课程的教学目标定在为专业服务上，将自身学科优势作为专业课程开展的切入点，以打破高等数学课程自成体系的现状，走出数学学科的局限。高等数学教学一定要走入专业课程体系，基于数学知识在相关专业问题中的应用，发挥高等数学在专业中的工具性价值，以专业作为课程教学的核心，在教学内容上有所取舍，明确各专业中高等数学课程的教学重点。例如，高等数学课程为电子专业课程服务时，就可以针对感应电动势模型等讲解导数在电子专业中的应用。

（三）结合专业制定教学大纲，实现课程连贯性教学

专业课程教学中的很多课程都是连贯展开的，例如物理专业中的原子物理以及固体物理，还有理论力学、量子力学、电动力学等。所以高等数学课程与学生专业的融合，也要从后续专业课程的安排入手，制定符合专业知识结构与基础知识的教学大纲，合理安排教学计划。高等数学教师应与专业教师深入沟通，并从学生工作处了解相关专业毕业学生的实际工作情况，根据学生专业发展的实际需求制定教学大纲，结合专业实际问题安排教学内容，以便学生从自身专业角度去学习与应用高等数学知识，切实将高等数学课程与专业课程联系起来，为今后的专业学习奠定良好基础。

综上所述，基于高等数学课程在专业课程体系中的价值，高等数学教学与学生专业的融合要引入专业实例，不能将数学知识与专业知识分开，教师在讲解高等数学知识的时候应结合相应的专业知识问题，打破课程之间的隔阂。

第二节 数学建模思想与高等数学教学

在高等数学教学过程中融入建模思想，可打破传统教学模式的限制，使学生在学习数学的过程中更能产生积极心理，提高综合素质。高等数学教师应运用合理的教学手段，在解题过程中强化学生的建模思想，并不断引导学生对建模思想产生深度认知，从而促进学生数学思维等能力的提高。

高等数学是较为重要的学科，很多专业都会涉及相关知识，但学习高等数学却有一定的难度。教育工作者们也在不断探寻与研究，想获得更为有效的教学手段以开展高等数学教学工作。基于此，数学建模思想近年来受到广泛关注，逐渐被应用到教学中。教师运用数学建模思想可以更好地进行知识的传授，不仅能使学生学到相关理论知识，还可培养学生的数学思维，提高解决问题的能力。基于数学建模思想的高等数学教学模式呈现出的优越性使其成为教育界重要的研究课题。下面将论述在实际教学过程中如何更科学、有效地将数学建模思想融入高等数学教学。

一、数学建模思想融入高等数学教学的必要性

所谓的数学建模，实质上就是创建数学模型。数学模型通常指针对某一现象，为达成特定目标而基于其存在的客观规律进行相对简化的假设，并结合相应的数学符号等获得的数学结构。因此，数学建模的过程其实就是运用数学语言对一些现象进行阐述的过程。因此，在高等数学教学过程中运用数学建模思想，受到了教育工作者的广泛认可与喜爱。

将数学建模思想融入高等数学教学，在一定程度上优化了传统的教学模式。在过去的很长一段时间内，许多教师在教授高等数学时不太注重培养学生的高等数学应用能力，他们基于常规的教学方法，固化地向学生灌输一些理论知识，遏制了学生的个性发展。随着社会的发展，国家不断进行教育改革，目的是加强对学生素质与能力的培养。

教师在高等数学教学过程中有效融入数学建模思想，可最大限度地调动学生的学习积极性。教师应引导学生在学习数学的过程中勇于提出自己的观点与问题，并帮助学生去寻找解决问题的办法。在这样的教学活动中，教师与学生间会产生良好的互动，教师也会逐渐重视学生数学思维和数学能力的培养。而将数学建模思想融入高等数学教学，可在很大程度上培养并强化学生的数学思维，使学生懂得运用数学思维去解决在学习数学的过程中遇到的问题。

授人以鱼，不如授人以渔。教师通过在高等数学教学中融入数学建模思想，可帮助学生养成良好的学习习惯，这对学生终身的学习与发展都有重要意义。

二、基于建模思想的高等数学教学策略

（一）在解题过程中强化建模思想

在高等数学教学过程中，教师应培养学生对各种数学题型形成多样的解题思路，运用不同的方式去解决高等数学中的问题，重视引导学生开动脑筋，运用不同的方式，从不同的角度去分析题型，从而找到最优的解题方式。教师也只有更注重培养学生的数学思维能力，才能从根本上提高学生对高等数学的学习兴趣。教师在课堂上对数学理论、概念等知识点进行讲授，并设计相关的练习题来帮助学生理解、吸收知识，是培养建模思想的基础环节，也是较为常用的形式。但学生在不断深入学习高等数学的过程中，终究会遇到更复杂的题型和无法解决的问题。通常部分学生遇到这样的困境时，会采用较为负面的方式去应对，如结合原有的知识结构，利用"蒙"的策略去解题，但这也在侧面折射出学生已初步形成建模思想。教师在教学过程中遇到这样的情形时，应巧妙利用学生的这种解题思路与心理特征，注意对建模思想的渗透，合理地传授给学生一些解题技巧，帮助学生更好地理解数学知识。

例如，运用画图可帮助学生建立清晰的解题思路，运用表格可帮助学生有效排列相关数学信息。教师通过对学生渗透建模思想，帮助学生掌握图形建模等建模方法，逐渐提高学习质量与学习效率。

（二）加强引导学生对建模思想产生深度认知

大学生处于思维较为活跃的时期，也是各种能力培养与提升的黄金时期。他们的记

忆能力、理解能力等都较为突出，教师在教学过程中应采用科学的教学方法，去激发学生的学习兴趣与积极性，促进学生能力的提升。若教师不能合理引导，学生无法进入学习状态，那么即使拥有再活跃的大脑，也无法更好地吸收知识。教师若仅是灌输知识，就无法达成良好的教学效果。教师应根据学生的心理发展特征与学习需求等，去激发学生对高等数学的好奇心。在课堂教学过程中，教师应不断丰富教学手段，恰当地渗透数学建模的思想与方法，引导学生借助原有的知识结构对问题进行思考，再根据新学到的思想与方法探究问题，从而找到解决问题的办法。当然，教师在向学生提出问题时，要保证问题的有效性，这对培养学生的建模思想至关重要。

教师通过提出相关问题引导学生对数学建模思想产生进一步的认知，这对日后学生在学习高等数学的过程中运用数学建模思想解决问题具有重要的促进作用。同时，教师要注意在讲授相关知识点时科学地渗透数学建模思想，学生在课堂上学习高等数学知识，通过与教师讨论相关问题的解决过程，不断加深对数学建模思想的理解，从而更轻松地学习高等数学。

总之，教师基于数学建模思想开展高等数学教学活动，对学生学习数学具有重要的促进作用。教师应重视激发学生的学习兴趣，在教学过程中渗透数学建模思想，并逐渐加强引导，使学生对数学建模思想产生深度认知，从而提高学习能力。

第三节 信息技术与高等数学教学的融合

高等数学是高校基础课程中的必修课，而传统的"教师讲、学生听"的教学模式以及粉笔、黑板的传统介质，使得高等数学抽象、复杂的解题过程和思维方式的传输效率并不高，学生对高等数学知识的掌握也极为有限。而信息技术中图文、动画等表现方式就可以解决高等数学知识传输效率低下的问题。另外，信息技术中的资源共享功能更是为高等数学教学创建了一条捷径，为学生和教师、学生和学生之间的交流沟通提供了更为便捷的渠道。信息技术与高等数学的融合是未来高等数学教学发展的趋势和突破的方向。以下就信息技术与高等数学教学的融合进行意义及实践运用的相关阐述，为两者的融合提供一些建议和意见。

一、信息技术与高等数学教学融合的意义

信息技术与高等数学教学融合，可以把枯燥、难懂的数学知识转化成图文，甚至是动画，使数学变得有趣，帮助学生建立清晰的逻辑思维关系，高等数学也因此而变得"可爱"。学生自主学习的积极性得到了有效提升，教学效果自然也有所改善。信息技术中的互联网可以让交流沟通的范围扩大到全世界，对同一个问题的见解也可以分享给全世界，学生也可以听到来自全世界的声音。信息技术与高等数学教学的融合，为高等数学的学习和分享搭建了一个良好的平台。

二、信息技术与高等数学教学融合的实践运用

（一）营造教学氛围，提高学生学习积极性

学习数学本身就需要较强的思维能力，而学习高等数学则需要思维能力达到一定的水平。有的学生总是觉得数学太难、太复杂，这时教师便可以利用信息技术的图文、动画等进行数学知识的动态演示，帮助学生理解相应的问题。比如，教授高等数学中的二次曲面问题时，教师可以对二次曲面的定义与特点进行图文处理，把学生需要思考的过程利用动画演示出来。这样做有两个好处：第一，可以吸引学生的注意力；第二，动态的演示过程使数学问题形象化，自然有利于学生的理解。

（二）针对重难点设计微课

微课是教学领域中以信息技术为必要条件的创新教学成果，能够提高学生的学习兴趣，把教学问题进行"碎片式"处理，是一种有效的教学方式。学生可以根据自身实际情况进行针对性学习，降低对难点的恐惧。比如，在高等数学的学习中，一些难点总是会成为学生心里过不去的坎，学生花了很多时间和精力去研究，却依然没能获得相应的成果。教师可以让学生实时反馈难点，再根据反馈的情况制作微课，学生就可以利用课堂之外的时间去重点攻克自己学习上的难点。每个人面临的问题不一样，却可以同时对

难点进行攻克，这是信息技术带来的极大便利。

（三）利用社交软件实现共同学习

信息技术让人与人之间的交流沟通不再受空间的限制，社交软件成了生活中重要的交流工具。将这些社交软件运用在高等数学教学中，能够加强学生与教师之间的沟通，学生甚至可以接受其他学校教师的授课，同学之间的交流也变得更加便利。讨论对提高学生的自主学习能力是非常有效的，高等数学教师可以利用信息技术对学生开展个性化教学，知识的传授和讨论不再以教室这个固定的空间和有限的上课时间为主，而是以课外学生与学生、学生与教师之间的交流讨论为主。比如，教师在教学中可以针对不同的问题建立不同的交流群，学生根据自己的情况选择加入一个或者多个交流群，在群里可以向教师提出问题，也可以与同学进行讨论和研究，学生甚至可以利用互联网认识更多校外的学生，让学习群里的氛围更好，讨论更加激烈，对问题的研究也就更透彻。

（四）教师的教学能力与信息技术能力同步发展

通过上述分析可以看出，信息技术赋予高等数学教学的优势已经非常明显，而信息技术能否在高等数学教学领域中发挥促进作用与教师能否掌握信息技术有着非常密切的联系。教师只有具备相应的信息技术能力，才能在实践中将两者完美融合，达到提升高等数学教学效率的目标。因此，对于教师的信息技术培训需与信息技术的教学运用同步进行，如此教师才能及时将信息技术准确运用在教学中。

作为必修课程，高等数学在高等教育中有着重要的地位，而教师利用信息技术进行相关的教学活动，可以显著提高学生的知识掌握程度和学习积极性。因此，高等数学教学工作者应重视二者的有效结合，创新教学方法，提高教学质量，综合提高学生的学习能力，为以后培养逻辑思维奠定基础。

第四节 高等数学教学的生活化

和初中、高中数学相比，高等数学这门课程具有较强的逻辑性，和实际生活的联系没有那么密切，也正因此，很多学生在学习这门课程时会产生恐惧心理。这种恐惧心理会对学生学习高等数学产生消极影响，已经成为高等数学教学中所要解决的重要问题。对此，下面将重点对高等数学教学的生活化进行分析和研究，提出几点有效开展高等数学生活化教学的策略。

一、收集高等数学相关实例

所谓高等数学教学生活化，其实就是理论联系实际，通过将理论知识和实际生活联系到一起，可以有效避免高等数学的教学思想僵化。所以高等数学教师要多收集一些和高等数学有关的生活实例，并在知识讲解的过程中将其和课本中的理论知识进行联系，从而让学生感受到所学内容和生活紧密相关，降低学习难度。因此，高等数学教师在教学时，可以先列举几个和本次教学内容相关的生活实例，这不仅能够增加学生对高等数学的了解和认识，还可以增加课堂教学的趣味性。

二、例题讲解生活化

通常情况下，教师在正式教学之前都会对课程的背景知识进行简单介绍，从而调动起学生对本课程的学习兴趣，但是学生的学习兴趣与积极性不会简单地因为一次背景知识介绍就持续到课程结束，所以教师还需要对例题进行生活化处理，以激发学生的学习兴趣，使学生主动参与学习过程。

以高等数学中概率论及数理统计部分为例，这部分知识理解起来比较困难，这时教师可以列举一些学生身边的生活化例子，让学生进行分析和思考。在对几何概型进行讲解的时候，教师可以将等车不超过一定时间、两人在某一时间的相见概率等实际生活问题作为例题，让学生分析和练习。列举生活化例子可以充分激发学生的学习兴趣，引导学生进行分析和思考。另外，在讲授全概率公式及逆概率公式的时候，为了让学生能够熟练地掌握这两个公式，教师可以将学生在学习过程中的付出和最后取得的成绩作为例子来进行讲解，这不仅可以让学生认识到所学数学知识和实际生活的密切相关性，而且可以让学生知道努力学习的重要性，提高学习积极性。

三、选择合适的教材

因为高等数学是大部分大学生都要学习的课程，所以有很多版本的高等数学教材，选择不同的教材对教学质量也会产生不同的影响。这就要求高等数学教师为学生选择合适的教材来进行学习。在选择教材的时候，高等数学教师一定要充分考虑到学生的实际情况，因为数学这门课程本身逻辑性和理论性就比较强，如果还选择一本单纯讲理论的教材，会让学生在学习的过程中感到非常困难以及枯燥无聊，甚至会产生厌倦和恐惧的心理。所以高等数学教师在对高等数学教材进行选择的时候，应该选择既包含必要的定理及公式，还包括相关的背景知识及实际生活案例的教材，这对实现高等数学教学生活化具有重要意义，同时还可以促使学生在学习的过程中产生良好的学习体验。

四、认真观察和思考生活

高等数学教师作为高等数学知识的教授者，在高等数学教学生活化的过程中发挥着至关重要的作用。为了实现教学生活化，教师需要在课堂教学中列举合适的生活例子，这就需要高等数学教师能够对生活进行仔细观察和思考，找出和课程知识有关的生活实例，然后在教学中为学生讲解，让学生认识到高等数学与实际生活之间的密切联系。学生可能会对相同的一件事产生不同的看法和理解，高等数学教师便可以引导学生进行分析和思考，提升学生的自主学习能力。此外，学生作为高等数学的学习者，也要对生活认真观察和思考，因为教师自身的时间和精力是十分有限的，而且高等数学的实际应用有很多，只是依靠教师来寻找和讲解例子太过有限。因此，学生必须在学习的过程中多注意观察、多加思考、多问为什么，擅于从生活中去寻找问题、发现问题。

综上所述，传统的高等数学教学模式存在较多问题，这要求高等数学教师开展生活化教学，从而有效降低高等数学的学习难度，加强学生对高等数学知识的认识和理解，加深学生对高等数学知识的印象，从而提高高等数学的教学质量。

第五章 高等数学课堂教学研究

第一节 高等数学课堂教学问题的设计

高等数学在高校课程中占据重要地位，也是几乎所有专业的必修课。高等数学是中学数学的延伸，也为学生今后的学习打下基础。

高等数学的学习不同于其他课程，它需要学生投入大量精力，对很多学生来说，高等数学简直就是最难的一门课。但是如果教师在课堂中可以运用多元化的问题设计，就能够引导学生从正面或者运用逆向思维解决问题。

许多学生都认为高等数学非常难，只有中学数学基础好的学生才有可能顺利过渡到高等数学的学习。而学习高等数学这门课程能够有效地培养学生的数学素养，所以在当前高等数学的教学过程中，教师需要更加重视学生的主体地位，运用现代化的教学手段和具有创新性的教学内容，让学生在学习高等数学的过程中理解数学精神，培养数学思维。

一、铺垫式问题设计

无论是在哪一阶段的教学中，先做铺垫再提出问题的方法都很常用，即教师在讲授新知识之前，先利用学生的旧知识进行联系性提问。铺垫式问题能够调动学生的元认知，让学生在已有的知识经验中构建新知。比如在学习定积分的换元积分法时，教师就可以向学生提问不定积分的换元积分法公式，引导学生自主思考，最后掌握定积分的换元积分法公式。铺垫式问题可以让学生更加清晰地根据数形结合的思想增强自己的数学逻辑思维，同时也有利于学生发散思维，通过一个数学问题就能够联想到其他方面。

二、迁移性问题设计

数学知识从来都不是毫无联系的，每一个数学知识点之间都会有着千丝万缕的联系，在形式和内容上也会有相似之处。对于这种情况，教师就可以在学生原有知识结构的基础上设计具有针对性的问题，让学生将已经掌握的知识迁移到新知识上。比如在讲授点的轨迹方程的概念时，教师就可以先向学生提问平面曲线方程的概念，之后再从二维空间向量向三维空间向量推广，在此过程中接着讲解工程曲线与曲面的定义。这样的知识迁移性内容会使学生更容易接受，学习起来也会更加简单。

三、矛盾问题设计

先从一个理论相悖的问题中产生疑问和矛盾，教师再鼓励学生提出问题并积极探索，使学生产生强烈的探索欲望和动机，深化学生的理性思维。

四、趣味性问题设计

现代的高等数学课堂要摒弃枯燥、单一的教学模式，不能只教授给学生理论知识，让学生在冰冷的数字和难懂的理论中度过一节节高等数学课，而要让学生有意识地提出自己的问题，从而积极思考。

五、辐射性问题设计

辐射性问题的主要提问方式是以某一知识点为中心，向四周进行问题发散，形成一个具有辐射性的知识网络，引导学生从多角度和多层面进行思考，运用自己已学到的知识解决问题。但是运用辐射性问题设计时需要注意的是，辐射性问题的难度较大，教师在提问时必须要考虑学生的实际情况和接受能力。辐射性问题设计可以结合启发式教学方法使用，对学生进行引导和提示。

六、反向式问题设计

在数学学习中最重要的一项思维就是逆向思维，而由这种思维方式衍生的问题设计，就被称为反向式问题设计，即通过逆向思维把原命题进行转化。比如在下面这个问题中，就可以运用反向式问题设计："一圆柱面可被视为一平行于 z 轴的直线沿着 xoy 平面上的圆 C：$x^2+y^2=a^2$ 平动而成的图形，试求该圆柱面的方程。"对这道题进行分析，就是要在圆柱的面上取一个点 P，但是无论这个 P 在什么位置，或者说它的位置是随意变动的，它的坐标都满足方程 $x^2+y^2=a^2$。同样，满足方程的点同样也都会在圆柱的面上。反向式问题设计能够让学生从正反两个方向思考问题，同时也可以在一定程度上降低所学知识的难度。

七、阶梯式问题设计

教师要运用学生已知的知识进行阶梯式的知识构建，引导学生的数学认知纵向发展。这是由难度逐渐增加的问题构成的一个组合性问题，从特殊到一般，一步一步引导学生思考问题，最终解决问题。

八、变题式问题设计

变题式问题设计就是将原有的问题进行改造，可以变化其中的固定数字或直接改变问题。将变式思维渗透到题目中去，可以打破学生固有的思维模式，从而转变思考方向，培养学生的创新性思维能力。

总之，在高等数学课堂中可以运用多种多样的问题设计方式，教师不能再用以前的教学方式，问学生"对不对"或"是不是"，而应该多层次、多方位、多角度地提出问题，激发学生的求知欲与竞争欲，进而提高其思维能力。

第二节 高等数学互动式课堂教学实践

事实上，课堂本身就是师生以及生生间交流互动的一个重要平台，课堂教学是进行沟通交流以及双边互动的实践活动，具有互动、开放以及双向的特征。在开展课堂教学期间，师生与生生间高效互动，可以对师生具有的内在特性加以展示，同时对整体教学活动加以推动。

一、互动式课堂教学特征

（一）交互性

在互动当中双方能够对对方行为做出相应反应，即具有交互性。一般来说，情境可以对师生互动造成一定影响，教师可以对学生展开评价，对其认知以及情绪产生影响，而学生则可以通过心理体验和心理状态对教师产生反作用，进而实现相互感染，共同影响数学课堂的发展。而且师生交互的影响以及作用不是间断性或者一次性的，是循环并且呈现出链状的连续过程。

（二）开放性

一般来说，课堂教学都是通过师生沟通以及交往展开的。在一些特定情境下，学生有可能会产生一些特定观点，而这些观点并不在教师制订的教学计划中。所以在实施教学计划时，教师需开放地纳入一些观点，在互动式的课堂中敢于即兴创造，对预定教学目标进行超越。之所以说互动教学具有开放性，是因为师生互动以及生生互动期间大家的思维都处于活跃状态，谁也无法预料问题的产生以及结果，使教学充满未知。

（三）动态生成性

教学期间的师生互动能够促进学生的发展以及成长，师生互动有着动态生成的特点。课堂上的互动内容以及互动形式都是根据学生特点、参与形式以及参与学生数量确定的，而课上学生是否喜欢和教师互动，如何展开互动，很多时候是教师无法预料的。师生进行互动，是师生双方进行相互界定以及交流的一个过程。在课上互动期间，教师需根据所学内容与学习主体对互动内容及互动方式进行变换，这样才能达到互动的最佳效果，实现知识的动态生成。

（四）反思性

学生的学习其实就是主动构建的过程。学生并非被动地接受外在信息，而是按照自身已有的知识结构，对外在信息主动进行选择以及加工。这就需要学生在学习期间随时对自己的学习过程加以反思，及时找出自己的不足并且加以弥补。同时，在教学期间，教师要充分结合学生在互动期间的情况及时进行反思，对自身行为及时进行调整，进而为学生创设出更好的学习情境，实现和学生的高效互动。

二、高等数学互动式课堂教学实践要点

对于数学教学来说，教师普遍采用的是一种问题教学的形式，在课堂导入部分通过设置问题引起学生的探究欲望以及学习兴趣，进而提升学生在课上的学习效率。因此，在实施高等数学互动式课堂教学时，教师除了在课上教学方面与学生展开互动之外，在教学评价以及教学反思方面也要与学生展开互动，这样能够全面并且多维度地开展互动式的课堂教学。在高等数学课上展开师生互动以及生生互动，并且通过互动对教材内容加以探索，就可以较好地完成预定教学任务。

（一）巧妙设计教学环节，奠定互动基础

教师要开展互动式课堂教学，可以从学生对问题条件具有的内涵进行感知时开始。对问题条件具有的内涵进行感知，乃是解答问题的起始环节，也是问题教学能够获得成功的一个关键环节。在传统数学教学活动中，常把"教"和"学"进行孤立，教师直接进行知识灌输，开展教学，把学生置于非常被动的位置。所以，新时期教师必须结合教

材内容开展教学，引导学生分析问题中包含的关键信息，掌握其中的知识点以及数量关系，进而为探寻解题思路奠定基础。

在教授微积分这一内容时，高等数学教师可以先介绍相关科学家的事迹以及微积分的发展历史。例如，提到积分，可以介绍我国历史上著名的数学家祖暅之，他根据"出入相补"这一原理推导出球体公式，这就是一种积分思想；提到微分，可以从物理学中的匀速运动导入，通过介绍微分发展简史来引起学生的学习兴趣，利用数学史和学生展开互动，打造数学课堂的活跃气氛，为学生的深入学习奠定基础。

（二）开展多维互动教学，提升互动质量

教学期间，师生可以进行全方位、多角度以及多维的互动。教师可从以下几方面着手，提升课堂的互动质量。

1.把课堂的主动权交还给学生，让学生成为课堂的主人，主动参与课堂互动。

2.充分利用现有教学资源，借助视频及图片等与学生展开互动。

3.借助微课开展教学。教师课前将预习任务布置下去，让学生通过微视频对基础知识进行学习，之后组织学生在课上对重点知识进行讨论。高等数学的教学尤其需要充分利用微课这种教学形式，让学生对新知识进行有效预习。

4.将课上的互动朝着学生的其他学习时间进行拓展，这样可以增强学生的参与意识、主动意识以及数学意识。

如在针对空间解析几何的内容进行讲解时，对于特殊的曲面，如锥面、柱面等，学生单纯地想象很难掌握相关知识。教师在课上应采用多维互动这一教学模式，对多媒体加以利用，将动态图形的具体变换进行展示，让学生直观感受这些内容，对数学知识形成牢固印象。

（三）及时开展教学评价，强化互动智慧

教师在互动过程中可以对互动节奏进行控制，并且在互动期间及时对互动活动进行评价，进而让学生及时、恰当地了解自己的优点与缺点，使优点得以发扬，缺点得以改正。同时，教师应及时对师生互动情况展开评价，对教学质量加以提升。此外，学生也可以对教学以及自身学习情况进行评价，这样能够在教学评价方面实现师生互动，促进师生交流，让师生相互更加了解，并在实践中对经验智慧加以汲取，让互动更有效果。

如在教授复变函数之后，教师可以专门开设一节复习课，利用课件和学生一同对所

学内容进行回忆，其中包含学习期间学生同教师争论的问题和重点、易错点以及难点内容等，这样做除了可以唤起学生对知识的记忆之外，还能帮助学生对这部分内容进行深化理解。

在高等数学课上，如果教师仅是单纯地把知识"装"到学生的头脑中，而不与学生在心灵上产生接触，不在课上与学生进行互动，那么学生很难在课堂学习期间汲取互动智慧。由此可见，教师只有及时开展教学评价，并且强化互动智慧，才能提升课堂教学质量。

（四）巩固教学反思，观照互动生命

其实，师生在互动期间只有不断地对教学以及学习进行反思，才能巩固优点，及时找出自身的知识漏洞并且加以弥补。在课上互动这一环节中，学生和教师都有着鲜活的思想，而不是互动教学中的机械零件。因此，教师要在日常反思中对互动中的生命进行观照，进而让整个互动过程一直保持动态健全，让整条互动链一直保持灵动。缺少反思的课堂教学必然是失败的。

学生接受数学知识的过程，是不断强化以及循序渐进的一个过程。如果学生不能在数学课上有效并且及时地进行反思，对自身学习有一个客观评价，那么这样的学习注定是生硬的，更是机械的，那么学生在日后对于这些知识点也很难进行灵活运用。

如在完成常微分方程解法的教学之后，教师可以对学生阶段性的学习成果进行验收，根据测试结果对学生的具体学习情况加以掌握。如果测验的平均成绩较好，说明学生的知识掌握情况较好；如果测验的平均成绩较差，则说明学生的课上学习效果不佳。此时，教师必须及时与学生展开沟通，及时了解其思想以及心理情况，并据此制订接下来的教学计划。教师及学生共同进行反思，可以找出教学以及学习中的薄弱点，促使师生对各自的薄弱点及时进行强化。如此，数学教师才能保证教学效果，学生也能不断提高学习效率。

综上可知，互动式的课堂教学具有互动性、开放性、动态生成性以及反思性等特征，特别是针对数学这一学科来说，开展互动式教学非常必要。教师可通过巧妙设计教学环节，奠定互动基础，开展多维教学互动，提升互动品质，及时开展教学评价，强化互动智慧，同时巩固教学反思，观照互动生命，打造良好课堂氛围，促进学生对数学知识加以理解，进而有效提升数学教学的总体质量。

第三节 提高高等数学课堂教学质量的方法

教育必须有效促进学生素质全面发展，而提高课堂教学质量是实现教育目标的直接手段。高等数学因其内容的抽象性，尤其应注意课堂教学质量。为了达到新时期的数学教学目标，本节将从学生的学习态度、教师的教学方法与课堂教学手段等方面谈如何提高高等数学的教学质量。

一、明确学好数学的重要性，进一步端正学生学习态度

数学有很强的应用性，是解决现实问题最常用的工具。数学教育不仅要传授基础知识，更重要的是培养学生的数学意识和逻辑思维，增强学生应用数学知识分析问题、解决问题的能力。教师要在开课之初就向学生阐明高等数学的重要性，使学生认识到学习数学的必要性，以及学好数学的现实好处。教师还要在平时的课堂教学中多向学生介绍高等数学在各领域中的应用，使学生切实感受到数学的实用性，增强学生的学习动力。

二、加强多媒体教学与板书式教学相结合的教学模式

随着数字技术与网络技术的飞速发展，传统的教学模式受到了严重的冲击和挑战，多媒体教学的引入成为必然。由于多媒体技术采用文字、声音、色彩、动画、图形等方式传递信息，所以它可以将枯燥的课堂内容变得直观、生动、形象。比如在极限、定积分等概念的教学中，教师可以用动画的形式将函数逐渐逼近的过程生动地呈现出来，使学生的理解更加直观和深刻。因此，多媒体教学不仅可以丰富学生的感性认识，启发学生的思维，还可以激发学生的学习兴趣，从而提高学生的学习积极性。然而，虽然与传统的板书式教学相比，多媒体教学可以图文并茂、声像结合，使学生的理解更直观，更

有助于记忆，但是任何事物都有两面性，多媒体教学也存在着自身的缺点和不足。比如多媒体教学会使课堂教学节奏不自觉地加快，使学生由主动学习变成被动接受，并且在多媒体教学过程中更容易忽视师生之间的情感交流，也更容易忽视学生的主体地位。因此，只有多媒体教学和传统的板书式教学相结合，才能达到改善高等数学教学效果的目的。

三、灵活采用多样化的教学方法

传统的教学模式一般是由教师讲授、学生练习为主，这样的教学方法对学生掌握相应的数学知识和技能会起到一定的作用，但是由于机械性的、重复性的工作比较多，长此以往对学生的自主学习和探究问题能力的发展会产生不利影响，因此在实际的教学过程中就有必要穿插一些具有实用性的、灵活性的、探索性的数学教学方法。

比如，教师在教学中可配合运用启发式教学法。在课堂上根据教学任务和学习的客观规律，以启发学生的思维为核心，调动学生积极主动的学习意识，培养学生独立思考问题的能力。对于高等数学中比较抽象的概念与定理，可以用绘图、对比等直观性教学法，让学生主动思考，独立分析。或者，同一个问题也可从其他角度或利用其他方式提问，让学生独立分析和思考，更利于学生理解和接受新知识。教师还可以在教学中故意给出错误的观点或结论，树立对立面，让学生对比思考，激发学生学习数学的兴趣，具有事半功倍的教学效果。

当然，教师在教学中也可穿插使用问题式教学法。教师可利用对教学内容的总体认识和把握，巧妙地设置问题，使学生能够在问题的引导下主动地探求和思考。然后，在学生对所设问题有一定理解的基础上，教师组织学生分组讨论，让学生发表自己的理解和看法，以达到互相启发、共同提高的目的。最后，教师对所设问题总结收尾，充分解疑，并且对学生难以理解的知识点重点讲解，使学生能够系统掌握所学知识。因此，问题式教学法不仅改变了教师以讲为主的格局，调动了学生学习的积极性和主动性，并且在教学过程中使学生的自学能力和探索精神得到了锻炼和提升，达到了较好的教学效果。

四、精选课堂练习，提高课堂效率

总结长期的教学经验可知，盲目地过多练习是不科学的，不仅不能达到预期的教学效果，反而会使学生感到厌倦，导致学生的思维变得呆滞，使学生对学习滋生抵触情绪。因此，教师在教学中要以教学目的和教学要求为基准，精心挑选容易理解且具有代表性的例题，避免反复讲解同一类型例题而浪费宝贵的课堂时间，从而提高课堂教学效率。另外，教师还要根据学生的实际情况，为学生挑选一定量的具有代表性的习题，这样不仅避免了"题海战术"，为学生节约了一定的时间，而且能够达到巩固所学知识的目的，甚至能够使学生在高效的学习中培养学习数学的兴趣。

总之，提高高等数学的教学质量是教师的长期任务，教师的教学方法不能"以不变应万变"，要不断探索适应变化的教学模式，总结经验和教训，真正提高高等数学的教学质量。

第四节 高等数学课堂教学模式

高等数学是大多数学生学习各门专业课的基础。但是，高等数学的抽象性和枯燥性让很多学生望而却步，缺乏学好高等数学的信心。如果教师的授课方式再是单一的，那么这门课程的教学效果将会很差。因此，高等数学课堂教学模式的改革十分必要。本节将针对几种教学模式进行探讨，分析各种教学模式的特点，为打造丰富多彩的高等数学教学模式抛砖引玉。

一、分组教学模式

对于人数多、规模大的班级，适宜用分组教学模式。教师首先对班级学生做一个简单的测验，掌握每位学生的学习基础，然后按照"强弱搭配"的原则，把学生分成6～8

个小组，在教学中，让学生分组讨论并回答教师所提的问题，然后选取学生解答，如果该生不能答出来，则要求小组成员一起讨论然后解答。教师最后根据每个小组的表现进行加分鼓励。小组的各项任务由组长负责管理，小组中一人表现好，集体加分，一人表现不好，集体扣分，从而使得整个小组内部的学生互相监督。由于学生大多存在集体荣誉感，所以采用分组教学法更能够调动学生为小组争光的心理，积极与小组成员配合，完成教师分配的任务。既方便教师对学生进行管理，又提高了学生参与课堂的主动性。

二、分层次教学模式

分层次教学是针对不同学生的不同学习基础，对学生进行分层次，然后采取有差异的教学内容和教学方式进行教学。分层可以不局限于一个班级内，而是将一个专业、一个系的所有学生放在一起分层。在开课前对学生进行数学基础测验，把学生分成三个层次：冲锋层、基础层、薄弱层。冲锋层的学生数学基本功扎实，教师在教学中引导他们解决复杂问题，注重知识的灵活运用；基础层的学生能够理解基础知识，教师在教学中注重基础知识的应用；薄弱层的学生数学学习能力较差，理解基础知识有困难，教师在教学中对他们应更细致地讲解基础知识，帮助他们掌握基本内容。比如在导数概念的教学中，对冲锋层的学生可以加强其对导数概念的理解，培养其利用导数解决实际问题的能力；对基础层的学生可要求其根据导数公式解决导数在几何中的应用问题；对薄弱层的学生可以要求其记住一些求导公式，对简单函数进行求导。学生分层、教学内容分层、测验分层，让每一位学生掌握自己能力范围内的知识，尊重学生的个人意愿，更有效地改善教学效果。分层教学模式实施起来的难点是需要协调各方关系对学生进行分层，操作起来困难大。

三、翻转课堂教学模式

翻转课堂教学模式，是指学生在课前利用视频等资源自主完成知识的学习，而课堂变成了师生之间、生生之间互动的场所，在课堂上答疑解惑、运用知识等，从而达到更好的教育效果。教师可以选择较好的网络资源或自己课前录制教学视频，先让学生在课余学习。比如在讲定积分的概念时，教师可以准备一个视频，介绍定积分的产生背景，从而使学生了解定积分的概念和性质。在课堂上，通过师生交流、答疑解惑和运用知识，让学生对教学内容有更加深入的认识，从而调动学生产生更强烈的学习兴趣。另外，可以选取典型例题录制成微课，让学生在课下完成解答。上课时教师考查学生学习情况，然后对问题进行讲解，剩余时间可以进行小组比赛。翻转课堂教学中，教师是学习的引导者，学生是学习的主动者，翻转课堂为培养学生勤于思考的好习惯创造了条件。

四、对分课堂教学模式

对分课堂是张学新结合讲授式和讨论式教学模式提出的一种新的教学模式，即把课堂时间一半分配给教师讲授，一半分配给学生讨论。对分课堂的特点是采用了"隔堂讨论"，本堂课讨论上堂课讲授的内容。一般这样进行：第一步是传统的授课阶段，因为高等数学抽象性强，学生独自理解起来会比较困难，因此教师先讲授教学内容的重点和难点；第二步是学生吸收阶段，让学生在课后对基本内容进行总结归纳，找到自己的薄弱点；第三步是课堂讨论，学生消化吸收，在讨论中巩固对所学内容的理解，讨论的形式有小组讨论、师生讨论等。对分课堂中教师只需要讲授主要内容，讲授时间减短，避免了学生注意力集中时间短对教学造成的消极影响。教师做得更多的是对学生的学习给予指导，从学生的讨论和提问中，感受学生接受新知识的能力，更方便因材施教。对分课堂的教学模式调动了学生学习的主动性，通过解决学生在讨论中产生的问题提高了教学效率。

五、闯关式课堂教学模式

有学者借鉴游戏闯关的思想研发了闯关式课堂，即通过设置关卡、闯关规则、考核机制等展开教学活动。教师首先根据知识难度由低到高地设置层层关卡，然后根据教学目标制定"通关条件"，最后让学生根据教师讲解的"闯关秘籍"，即重点知识进行探究。学生如果失败，则需重新挑战，直到通过所有关卡。学生在闯关中主动地构建自己的知识体系，从而完成新的课程内容的学习。比如在"函数的单调性和极值"这节课中，教师可以设置基础概念提问，考查学生的理解能力；设置函数极值的求法，培养学生的计算能力；设置极值的应用问题，培养学生运用知识解决问题的能力，由简单到复杂，逐级提高。闯关过程持续整个学期，学生闯过一关后进入下一关的挑战，教师根据闯关的表现给学生打出平时成绩，督促学生主动分析问题和解决问题，提升学习能力。

六、问题驱动教学模式

问题驱动教学模式是以学生为核心，以问题为驱动，紧紧围绕问题进行教与学的教学模式。美国的数学家哈尔莫斯曾指出：问题是数学的心脏。解决问题是驱动学生去学习、探索的外在动力，发现问题、提出问题能激发学生自主探索学习的积极性。具体操作为：

首先，以问题为导向构建知识框架。教师引导学生发现生活中数学应用的案例，以此为问题，将高等数学中的相关知识梳理出来，融入案例，通过解决案例达到学习数学知识的目的。

其次，教师在讲授理论知识时，要设置好层层递进的问题，一步步引导学生解决问题。比如在讲极限的概念时，让学生先观察一些数列的变化动态，将变化趋势抽象出来进行总结，就得到极限的概念。

最后，教师教授完新的内容后，设置由易到难的阶梯式问题，检验学生的学习成果。教师根据教学目标和学生能力，设计由浅入深的各类问题，可以是填空、判断、计算等，尽量细化，查缺补漏，对回答正确的学生给予加分与表扬，让学生充分体验到学习的乐趣。问题驱动教学模式可以培养学生主动解决问题的能力。

七、开放式课堂教学模式

开放式课堂教学模式是针对封闭的、僵化的、教条的、缺乏活力的教学模式提出的，具有丰富的内涵。其特点如下。

1.时空的辐射性

开放式课堂教学模式以课堂为中心，从时间上说是向前后辐射，从空间上说是向课堂外、家庭、社会辐射，从内容上说是从书本向自然界和操作实践辐射。全过程开放、全方位开放、全时空开放，这是和封闭式教学相比显著的不同点。

2.主体性

开放教学以人为本，强调人的主体作用，特别重视挖掘师生的集体智慧和力量，能充分调动学生的积极性、主动性和自觉性。课堂上学生是学习的主体，问题让学生提，疑点让学生辩，结论让学生得，教师应充分放手，激发学生的主动性和创造性。

3.方法的创新性

"没有最好，只有更好"，问题的答案不是唯一的，学生应不受定式的影响，不受传统的束缚。思考、解决问题要多角度、多因果、多方位，创新形式是开放教学的核心。比如在讲极限的计算时，教师可以鼓励学生用各种方法求得结果。

4.与时俱进性

课堂教学只有与时代结合才能永远具有活力。目前，部分教材的改革远远滞后于时代迅猛发展的脚步，因此教师应有意识、有计划地吸收科技发展的前沿成果，让课堂永远把握着时代的脉搏。

八、融合式课堂教学模式

《国家中长期教育改革和发展规划纲要（2010—2020 年）》中倡导的启发式、探究式、讨论式、参与式教学，是激发学生的好奇心、发挥学生的学习主动性、培养学生创造性思维、改变灌输式教学的教学模式，对于打造高素质创新型人才具有十分重要的作用。其核心是启发，主要形式是探究和讨论，主要表现为学生是教学活动的重要参与者。具体做法是：

首先，教师根据教学的重难点，有目的、循序渐进地进行启发式讲授，让学生在思考中掌握书本知识。

然后，在启发式授课的引导下，教师针对学生的难点和疑点，为学生准备讨论和探究的题目，再让学生进行讨论和探究，解决教师所提的问题。

最后，在讨论结束后，教师根据课堂的具体情况，引导学生对重要知识归纳总结，准确地掌握知识点。在整个过程中，只有学生的参与性被时刻放在首位，才能保证教学效果。教师可根据学生的表现进行奖惩，做好监督。

以上教学模式都有自己的优点和缺点，均对传统教学做出了改革。在课堂教学中，教师只有根据课程内容选取合适的教学模式，扬长避短，才能达到理想的教学效果。丰富的教学模式为学生探究数学内容提供了更好的教学环境。好的教学模式不但能让学生学得知识，更重要的是能培养学生良好的思维习惯，提升学生的综合素质，为培养栋梁之材贡献力量。

第六章 数学文化与高等数学教学的融合

第一节 文化观视角下的高等数学教学

近年来，我国教育体制改革深入实施，各所高校逐渐加大对高等数学教学的重视程度。数学文化作为人类文明的重要构成部分，是高等数学教学和人文思想的整合。高校要想提升高等数学教学质量，应注重数学文化的渗透，并深度掌握数学文化的特征。本节通过分析文化观视角下高等数学的教学价值，以及数学文化的特征，探索高校中高等数学教学面临的困境，并提出相关解决措施，以期为高校的高等数学教学提供参考。

数学文化在数学教学的持续发展中逐渐形成，并伴随时代变化持续更新。文化观视角下，高等数学教学不但包含数学精神、数学方法等，还包含高等数学和社会的联系，以及高等数学与其他文化间的关系。简而言之，文化观即应用数学视角分析与解决问题。利用文化观视角处理高等数学问题，有利于学生深入理解与学习高等数学知识。同时，由于数学文化蕴含的丰富内涵有助于调动学生学习高等数学的热情，因此在高等数学的教学中，教师应适当渗透数学文化观，引导学生应用文化观视角解析高等数学问题，使学生全面理解高等数学，并学会应用高等数学知识处理问题。

一、文化观视角下的高等数学教学价值

（一）调动学生对高等数学的学习热情

文化观视角下，高等数学教学应适当增加文化教学内容。数学文化观下的高等数学教学有别于传统的直接传授抽象、较难理解的高等数学知识，其相对灵活并且具有丰富

性及趣味性。高等院校中,高等数学作为多数专业的基础学科,其理论知识对于部分学生而言较为抽象难懂。要想使学生深入理解高等数学知识,需要高等数学教师在课堂中应用案例教学方式,列举实际例子辅助知识讲解。教师单纯地讲授高等数学理论时学生的学习兴趣普遍较低,而渗透数学文化有助于引导学生了解高等数学知识,调动学生的学习热情。

(二)促使学生充分认知数学美

文化观视角下,高等数学教学有助于推动学生充分认知数学美。高等数学并非单纯的由数字构成的理论知识,高等数学具备自身独特的艺术美感,并存在一定规律。文化内涵需要学生与教师在长期探索中感知,数学文化中沉淀了多年来相关学者对数学的探索与研究,其中蕴含的任何一个内容均有其存在的特殊价值与意义。并且,学生在了解文化内涵的过程中,可以深刻感知到高等数学的趣味性和美。

二、数学文化的特征

(一)统一性

数学文化作为传递人类思维的方式,具有其特殊的语言。自然科学中,尤其理论学中,多数科学理论均应用数学语言来准确、精炼地阐述,比如电磁理论和相对论等。新时代下,数学语言是人类语言的高级形态,也是人们沟通与储存信息的主要方法,并逐渐成为科学领域的通用符号。数学文化作为人类的智慧结晶,其统一性特征日后会在各个领域突显出来。

(二)民族性

数学文化是人类文化中的重要内容,存在于各民族文化中,也彰显了数学文化的民族性特征。同时,数学文化也受传统文化、政治以及社会进步等因素的影响。由于各民族的所在地区、习俗、经济以及语言等内容的差异,产生的数学文化也不同。例如,古希腊数学与我国传统数学均有璀璨的成就,但其差异性也较大。相关学者指出,若某一地区缺乏先进的数学文化,其地区注定要败落;不了解数学文化的民族也必将面临败落的困境。

（三）可塑性

相较于其他文化，数学文化传承与发展的主要路径是高等数学教学，高等数学教学对文化的发展具有十分重要的作用。数学知识渗透在各个领域中，是促进科技、文化以及经济等进步与发展的有效路径。数学的自身特征决定了其文化中蕴含的知识的可持续性以及稳定性。因此，教育工作者可通过革新高等数学教学体系，渗透和传播数学文化。数学作为一种理性思维，对人类思想、道德以及社会发展均具有一定影响。就某种意义而言，数学文化具有可塑性特征。

三、高等数学教学面临的困境

（一）教学理念相对落后

在文化观视角下，部分高等数学教师仍坚持传统教学理念。在高等数学课堂中，部分教师并未将数学文化与高等数学教学有机结合，教学理念也相对滞后，对文化观背景下的高等数学内涵的认知有局限性。例如，在讲授空间立体图形相关知识时，许多教师利用多媒体将图形呈现给学生，用多媒体代替黑板与粉笔的组合。但这一方式多以高等数学教师为中心，多媒体用于辅助教师讲授知识，教师往往忽视了学生的学习方法，对数学文化的渗透也相对不足。

（二）缺乏教学模式创新

高等数学具有自己的特征，比如逻辑严密、内容丰富等。但是，在文化观视角下，高等数学教学面临着创新性不足的难题。一方面，高等数学教学中无法体现文化观内容，部分教师过于注重数学公式、解题技巧以及概念的讲解，忽视与学生间的互动交流，学生实践解题机会较少，难以检测自身高等数学知识的掌握程度。另一方面，课堂进度难以控制，部分教师虽在课堂中渗透数学文化，但往往将数学知识全部展示给学生，导致课堂进度较难被控制。

（三）评价体系缺乏合理性

我国高校针对高等数学教学的评价体系还未完善，缺乏合理的评价机制，较易导致功利行为。高等数学作为基础性工具学科，其价值往往被学生忽视。多数学生较为注重自身专业课的学习，对相对抽象且难以理解的高等数学重视程度不足，缺乏学习高等数学的积极性。因此，学生在课堂中与教师互动不足，导致教学评价内容相对单一。只有部分院校将教师是否在高等数学课堂中渗透数学文化作为评定教学质量的主要指标，除此之外，许多高等数学教师对学生的评价往往停滞在评定学生成绩的层面上，而忽视学生的数学能力以及高等数学知识结构，导致多数学生对高等数学教学评价结果不认同。缺乏合理性的评价体系对高等数学教师的教学积极性、学生学习高等数学的主动性均产生了消极影响，也对高等数学教学质量的提升造成了阻碍。

四、文化观视角下高等数学教学的有效策略

（一）重视高等数学与其他学科间的交流

高等数学不是单一的学科，作为基础性工具学科，高等数学与其他专业均有紧密联系，因此学习高等数学十分重要。要想使学生充分认知到其重要性，高等数学教师应增加高等数学与其他专业间的交流，在讲授高等数学理论知识的同时引导学生学习其他专业知识，促进学生深入了解高等数学的应用范围。如此有助于学生认识到学习高等数学的价值，有助于调动学生学习高等数学的积极性。

（二）革新教学理念

高校应革新教学理念，提升高等数学教师的综合素养。高校应呼吁教师群体通过调研、探讨等方式，逐渐确立文化观视角下的高等数学教学理念，并在高等数学教学中实践。在这一基础上，高校相关部门应倡导、推广、践行新型高等数学教学理念，促进高等数学教学与数学文化的融合。此外，高等数学教师应深刻认识到，单纯凭借对教材知识的讲解，难以调动大学生对高等数学的求知欲。丰富、有趣味性的数学文化可以提高学生的关注度，因此高等数学教师不但要将教材中蕴含的高等数学知识讲授给学生，还应在教学中渗透数学文化，革新教学理念，使学生在丰富有趣的数学文化中深入理解与学习高等数学知识，提高数学能力，实现高等数学教学目标。

（三）创新教学模式

在高等数学课堂中，教师依赖教材讲解知识，学生听讲以及做习题的传统教学模式已经无法满足当代大学生的发展需求。由于高等数学知识相对抽象，所以传统的教学方式难以使学生深入理解。同时，大学生历经了小学、初中以及高中等阶段的数学学习，自身已经形成了相对完整的数学体系。因此，在高等数学教学中，教师应增加引导学生主动学习的教学环节，使学生可以将自身所学的高等数学知识熟练应用到生活中，并具备解决实际问题的能力。文化观视角下，教师应将高等数学知识和实际问题有机融合，在实践中培养学生的逻辑思维以及分析问题的能力。高等数学教师应为学生提供充足的实践机会，引导学生利用高等数学理论知识解决实际问题。在这一过程中，教师应起到辅助及引导作用。创新教学模式不但可以培养学生对学习高等数学的热情，强化学生的综合能力，还能使学生切实认识到学习高等数学的价值及意义，并在解决问题后取得一定的成就感。

综上所述，部分高等数学教师还未深刻认知到数学文化的重要性及价值，对文化观的重视程度相对较低。但随着高等数学教学的革新与发展，多数教师逐渐意识到在高等数学课堂中渗透数学文化观的重要性，并在教学中实践。随着教师综合素养的持续提升，高等数学教学中越来越多地结合数学文化，学生将逐渐增加对高等数学的学习兴趣，激发求知欲，进而优化高等数学教学质量，促进高校教育事业以及大学生共同发展。

第二节 数学文化的育人功效

将数学文化渗透到高等数学教学中具有重要意义。本节研究了数学文化在高等数学教学中形成的育人功效，并阐述了在高等数学教学中渗透数学文化的方法。

随着数学文化思想的不断渗透，人们对数学教学工作也更为重视，加强数学文化渗透不仅能够使学生在数学学习中感受到文化，还能使学生形成不同的文化品位，从而促进数学教学与数学文化的概括性发展。

学生一般会认为数学是符号，或是公式，它能够利用合适的逻辑方法计算，并得出正确的答案。在 1972 年，数学文化与数学教学作为一个新的研究领域出现，象征着传统的知识教育开始向素质教育转变。

在传统的文化素质教育中，主要培养学生的人文素养，并提高学生在自然科学中的科学素质以及文化素质。数学教学不仅仅是一种文化教学，也是一种科学思维方式的培养过程。所以，在数学教学中，教师应在学生形成一定认知的情况下，对学生的成长以及生命的潜在需求给予关注，并将学生的知识思维转移到价值发展思维上去，形成一种动态性教学，不仅能够使学生在课堂教学中形成全面认识，还能促进学生的认知、合作以及交往等能力相互协调与发展。

当前，师生在数学课堂中都对数学中的定理与公式更加关注，但这并不是数学的全部。目前大部分学生都是通过习题训练的方式掌握数学知识的，想要促进该方式的优化，就要将数学文化渗透到高等数学教学中，并促进数学教学理念与数学教学模式的创新发展，然后将数学文化与一些抽象知识联合在一起，以保证数学课堂具有较强的灵活性。此外，在数学教学中，教师不仅要重视相关理论知识的传授，还要重视育人，使学生认识到数学文化的重要性，激发学生的学习兴趣与学习热情。

一、数学文化在高等数学教学中的育人功效

（一）培养学生的执着信念

将数学文化渗透到高等数学教学中能够使学生形成执着的信念。信念是认知、情感以及意志的统一，是人们在思想上形成的一种坚定不移的精神状态。大学生如果拥有执着信念，不仅能够在人生道路上找到明确的发展目标，获得强大的前进动力，还能形成较高的精神境界。执着信念的内在表现主要包括人生观、价值观等，而执着信念的外在表现是坚定的行为。如今，培养大学生形成执着信念，并形成正确的人生观、价值观，也是教育工作者在教学中应思考的内容。所以，要在高等数学教学中渗透数学文化，对大学生的人生观、价值观等进行积极引导。如，在高等数学的微积分课程中，教师不仅可以介绍数学发展的历史，使学生感受到数学家的独特魅力，还能使学生从知识中获取更多鼓励，并增强其执着信念。

（二）培养学生形成优良品德

在高等数学教学中，学生不仅要熟练掌握相应的数学知识与技能，还要形成较高的思想道德品质。所以，应将数学文化贯彻于高等数学教学中，发挥其育人功效，教师要适时转变教学方式，不断调整教学进度，使学生能够适应大学生活。很多学生在高中阶段都向往着大学的自由，但之后发现大学生活与想象中存在较大差异，这时他们会比较失落、沮丧，教师应帮助学生及时调整心态。例如，在微积分的教学中，教师可以针对一个问题要求学生利用多种方法求解，使学生学会变通，保证其能够在解决问题期间随机应变。将数学文化融入高等数学教学，能够培养大学生善于发现问题、随机应变解决问题的能力，并使其在学习中学会创新，以促进全面发展。

（三）使学生掌握丰富的知识

将数学文化渗透到高等数学教学中，能够使学生掌握丰富的知识。因为在学习高等数学时，学生不仅要具有较强的专业知识，还要形成广阔的视野。高等数学是高校学生的一门必修课程，教师在实际教学中不仅要传授给学生数学知识，对学生的数学能力进行培养，还要不断挖掘高等数学课程中的相关素材，以保证数学文化、数学历史以及数学知识等得到充分体现。学生学习数学文化，不仅能够养成敢于挑战的精神，还能将相关思想应用到其他科目上去，从而实现一定的育人效果。

（四）使学生练就过硬本领

将数学文化渗透到高等数学中，能够帮助学生练就过硬本领。人们在生产与生活中都需要数学知识，在新时期，数学在科学技术、生产发展中发挥巨大作用，并在各个领域中得到充分利用。文化是人们在社会与历史发展中创造的物质财富以及精神财富，它不仅是一种价值取向，还能对人们的行动进行规范。数学文化具有较强的文化教育功能，是数学知识最本质、高层次的成分，是分析问题和解决问题的指导原则。若只会解几道题目，根本不了解数学文化，不能算是懂得数学。只有在高等数学概念和命题的讲解及知识的形成、发展与问题解决的过程中，充分渗透数学文化，深刻挖掘高等数学课本中的育人素材，从文化的视角进行升华，旁征博引、循循善诱，让学生充满梦想和希望，才能使学生在学习数学的过程中真正受到数学文化的感染，产生文化共鸣，练就过硬的本领，真正提高高等数学教学的育人功效，以达到培养高素质专门人才和拔尖创新人才的目标。

二、在高等数学教学中渗透数学文化的方法与途径

（一）在学习观念中渗透数学文化

教师要让学生体会到数学文化是博大精深、源远流长的，数学有着丰富的历史、全面的知识体系和独到的思维方法。人们生活在一个需要不断改革创新的年代，而绝大多数的创新都来源于对数学科学的精准掌握和独到研究。例如，高等数学教师在给物理类专业的学生上课时，可以详细解释导数在一些物理实际问题中的应用，如直线运动的即时速度，平面曲线的切线斜率、曲率等，并适当地介绍物理学与数学之间的关系，锻炼学生用数学思维方法解决一些专业课中的实际问题，从而提高学生在专业课学习过程中的创新能力。让学生真实地感知获得数学知识并不容易，数学知识是人们在漫长的探索中得来的非常珍贵的财富。学生熟知数学文化的各种历史背景，既可以对学习数学更加感兴趣，又能够加深对数学概念、定理的认知。

（二）在课堂教学中渗透数学文化

一方面，学校可以开设"数学文化"类课程，改变"数学无聊"的观念。要避免学生对学习数学产生畏难心理，让学生能够在学习的过程中体会到数学的美，从而愿意去学习数学。另一方面，在数学类主干课程的教学过程中，教师要在讲授数学知识的同时，将历史上有关数学的重要发现与发明放到当时的社会环境中去分析，并结合这些重要发现与发明现今的发展及应用，揭示它们在数学文化层面上的意义及作用，因势利导，顺水推舟，以达到画龙点睛的效果，使学生在不知不觉中得到深刻的启示。比如教师在讲解高等数学的基本概念之一"极限"时，可以引用中国古代数学家刘徽的"割圆术"思想，并结合计算机多媒体技术，一层层地将圆的内接正多边形详细地描绘出来，引导学生加深对极限概念的理解，同时借机向学生说明"割圆术"在中国的产生要早于西方很多年，从而说明中国古代数学的先进性。让学生更多地接触到数学本质的东西比直接"满堂灌"效果更好。

（三）在不断探索中渗透数学文化

数学的迅速发展离不开人类的不断探索与研究，特别是在这个科学技术飞速发展的时代，停滞就会落后。所以，对于数学的科学研究与探索是非常重要的，将数学与其他

学科或文化联系在一起，可以让学生更加轻松和深入地理解数学文化。在日常的生活和学习中，数学其实无时无处不在，教师教学前可以先对生活中的素材进行分析与挖掘，体会数学与实际生活的联系。同时，人们对数学文化的探索是永无止境的，没有谁能了解其全部内容并加以灵活运用。无论是在文化知识的学习中，还是在平常的生活中，人们都离不开数学——既离不开缜密的逻辑思维，也离不开简单的计算解答。正所谓"活到老，学到老"，高等数学教师应在不断探索中加深对数学文化的了解。

第三节 数学文化融入高等数学教学

高等数学是高校中很多专业都会开设的必修课，对于理科及工科专业，教师多半以讲授数学知识及其应用为主，而很少涉及思想、精神及人文方面的一些内容，甚至连数学史、数学家、数学观点、数学思维等基本的数学文化内容，也只是个别教师会在授课时零星地提到一些。很多文科专业的高等数学教材和课程内容甚至是理工科的简化和压缩版本，教师大多采取重结论不重证明、重计算不重推理、重知识不重思想的讲授方法，较少关注数学对学生人文精神的熏陶，更多的是从通用工具的角度去设计教学。因此，很多大学生仍然对数学的思想精神了解得很肤浅，对数学的宏观认识和总体把握较差。而上述的数学素养，反而是数学让人终身受益的精华。因此，在高等数学教学中应注重数学文化的融入，培养学生的数学修养。

一、数学文化融入高等数学教学的目标

（一）数学文化融入高等数学教学的基本思路及基本目标

1.基本思路

对于理工科专业的学生来说，数学文化融入高等数学教学的基本思路仍是提高学生的数学应用能力与抽象思维能力，适当地融入数学文化等内容，提高大学生学习数学的

兴趣。文科专业的学生参加工作后，对具体的数学定理和公式可能较少使用，而能够让他们受益的往往是在学习这些数学知识的过程中培养的数学素养——从数学角度看问题的出发点，把实际问题简化和量化的习惯，有条理的理性思维，逻辑推理的意识和能力，周到地运筹帷幄等。所以，对于文科学生而言，高等数学在工具性和抽象思维方面的作用相对次要，在理性思维、形象思维、数学文化等人文融合方面的作用则更加重要。

在教学中，教师应使学生掌握最基本的数学知识和必要的数学工具，用来处理和解决自然学科、社会及人文学科中普遍存在的数量化问题与逻辑推理问题；尽量使文科学生的形象思维与逻辑思维能够相辅相成，并结合数学思想的教学适度地训练辩证思维；使文科学生了解数学文化，提高数学素养，逐渐培养理性思维，使数学文化与数学知识尽可能地水乳交融。

2.基本目标

使学生理解数学的思想、精神、方法，理解数学的文化价值；让学生拥有理性思维，培养创新意识；让学生受到优秀数学文化的熏陶，领会数学的美学价值，提高对数学的兴趣；培养学生的数学素养和文化素养，使学生终身受益。

（二）数学文化融入高等数学教学需要解决的关键问题

将数学文化融入高等数学教学需要解决以下关键问题：

（1）高等数学教学对于学生，尤其是文科学生的作用；

（2）文科高等数学教材体系、教学内容与专业相匹配；

（3）在高等数学教学中培养学生的形象思维、逻辑思维及辩证思维；将数学文化及人文精神融入高等数学教学。

二、将数学文化融入高等数学教学的方法

（一）将提高学生学习数学的兴趣和积极性贯穿教学全过程

教师应从学生熟悉的实际案例出发，或从数学典故出发，介绍一些现实生活中发生的事件，以引起学生的兴趣。例如，在讲定积分的应用时，教师先介绍如何求变力做功，并用课件展示我国成功发射的嫦娥一号卫星历经 8 次变轨，最终进入月球工作轨道。然后向学生提出以下问题：

（1）卫星环绕地球运行最低速度是多少？

（2）卫星进入地月转移轨道最低速度是多少？

（3）报道说，当嫦娥一号在地月转移轨道上第一次制动时，运行速度大约是 2.4 km/s，这是为什么？

（4）怎样才可保证嫦娥一号不会与月球相撞？

促使学生利用已有知识回答，提高学生的学习积极性。

（二）将培养数学素养作为教学的根本目的

对于文科专业的学生来说，数学课课时通常会比理工科专业少一半，并且其所学的定理、公式往往容易因为缺少实践而忘掉，所以，文科学生学习高等数学最大的收获就是对数学科学的精神实质和思想方法有所领悟。数学素质的提高是一个潜移默化的过程，需要教师引导、学生领悟。因此，在高等数学教学中，教师应注重过程教学，着重介绍一些问题的知识背景，讲清数学知识的来龙去脉，揭示渗透在数学知识中的思想方法，突出数学知识中所蕴含的数学精神，让学生在学习数学知识的同时自己体会数学的科学精神与思想方法。教师可以在教材的各章中配置一些阅读材料，要求学生课后认真阅读。这些材料适时、适度地介绍了高等数学基本概念发生、发展的历史，数学发展史中一些有里程碑意义的重要事件及其对科学发展的宝贵启示，以及一些数学家的事迹，并以较短的篇幅简要地介绍了数学科学中的一些重要思想方法。

（三）结合专业特点讲解数学知识

高等数学有抽象的一面，尽管注重过程教学，但数学基础较差的学生仍难以理解数学知识中蕴含的数学思想方法。考虑到文、理、工科学生对自身专业的偏好以及已有的专业知识，教师在教学中应以学生专业为教学背景，引入课题，说明概念，讲解例题，使得抽象的数学知识与学生熟悉的专业知识联系起来，激发学生学习的兴趣。如介绍微积分在经济领域的应用时，通过边际效应帮助学生加深对导数概念的理解；引用李白的诗句"孤帆远影碧空尽，唯见长江天际流"来描述极限过程；通过气象预报和转移矩阵加深学生对矩阵的认识；以对《静静的顿河》《红楼梦》等文学作品作者的考证说明数理统计的思想方法……

在大学数学课程中融入数学文化，对于教师来讲，要树立正确的数学教学观，深刻地理解和把握数学文化的内涵，在教学活动中积极实践，勇于创新。对学生来讲，只有利用一定的数学知识或数学思想解决一些现实问题，或了解用数学解决实际问题的过程与方法，才能体会到数学的广泛应用价值，真正地形成数学意识与数学素养，从而提高运用数学知识分析问题和解决问题的能力。

第四节 数学文化在高等数学教学中的应用与意义

高校的高等数学教学方式不像义务教育那样着重数学的实际应用，在实际的教学过程中，高等数学教学要对学生进行数学文化素养的培养，使数学文化能够在高等数学教学中得以体现。下面将重点介绍数学文化在高等数学教学中的应用及重要意义。

在高校中，学生理工类课程的成绩与数学息息相关，要想高标准地掌握理工科知识，就必须具有相对扎实的数学知识及严谨的数学思维。九年义务制教育中，数学的教学方式与高校教学有很大的不同，进入大学以后，数学的难度提高，学生如果还沿用以往的学习方式，不仅数学成绩得不到提高，还会影响其他相关科目的学习。所以在高等数学教学中要融入数学文化，使得学生能够对数学有更深层次的了解。

一、数学文化在高等数学教学中的应用策略

（一）对教学设计进行优化，展开研究型数学文化教学

数学文化教学主要是教师将数学内涵和数学思想传授给学生的过程，是教师与学生共同发展与交流的过程。教师在教学过程中要对教学设计进行优化，展开研究型数学文化教学，使数学文化能够更好地融入高等数学教学中。

教师要结合学生的专业，研究出能够使学生自主且独立思考的教学方式，让学生在学到基本数学知识的同时拥有数学精神。在教学的过程中，教师要多多鼓励学生提出自己的问题与想法。

（二）增强教师自身文化素养，改变传统教学模式

只有改变传统的教学模式和教学观念，提高教师自身的文化素养，才能将数学文化更好地融入高等数学教学。教师要改变原有的教学理念，在注重实际应用的同时将数学文化引入课堂，将数学文化逐渐融入高等数学教学中。教师是施教者、组织者和引导者，应该利用课余时间进修，在提高自身数学知识的同时，增强自身数学文化素养，以丰富的数学文化知识熏陶自己，在日常生活中寻找与数学相关的理论知识及使用方法，为能够更好地将数学文化与数学知识相融合奠定基础。

（三）完善教学内容，提高学生对学习高等数学的兴趣

想要将数学文化与高等数学教学更好地融合，那么在高等数学的教学过程中教师就要对教学内容进行整合。在高等数学教学中，教师要适时地引入与数学文化相关的内容，例如，数学的发展历史，各种概念及公式的来由，定理的衍生等，减少课堂教学中的枯燥感，把课堂氛围变得活泼，使学生在学习基础知识的同时，增加对数学发展历程的了解。教师在授课的过程中，要简明扼要地讲述内容，从而激发学生的学习兴趣，在短时间内将学生的学习情绪稳定下来，达到吸引学生注意力和开发学生数学文化思维的目的。目前的高等数学教材中有很多教学内容能侧面帮助学生形成正确的人生观和世界观，所以教师在教学的过程中，一定要着重进行数学历史相关知识的讲授，使学生能够增加对数学历史的了解，提高对数学的学习兴趣，建立学习数学的信心，提高自主学习的积极性。

总而言之，将数学文化引入高等数学教学，能在提高教学质量的同时，增强学生对数学的学习兴趣，从而提高学生学习高等数学的自主性和积极性。所以，高校教师一定要提高自身的数学文化素养，把数学基础知识与数学文化有机结合，将学生对数学知识的好奇心调动起来，使得数学文化能够发挥最大的作用，让学生能够更好理解数学文化。

二、数学文化在高等数学教学中应用的重要意义

（一）端正学生的学习态度

学生的学习态度决定了学生对高等数学的态度，学生学习的积极性与主动性直接影

响高等数学的学习效果。在教学过程中，教师可以通过介绍数学文化，激发学生学习的积极主动性，调整学生的学习态度。教师可在课堂上讲解一些知名数学家的传记，用他们钻研数学的刻苦精神激发学生学习的动力及兴趣。

（二）坚定学生学习数学的意志

数学学科相对其他学科而言，抽象性和逻辑性更强，对于大部分学生来说，这门学科的难度很大，在学习的过程中会遇到很多困难，会打击学习的积极性，甚至会产生放弃学习的想法。所以，教师应在高等数学教学过程中融入数学文化，让学生了解数学的辉煌成就，在提高学生对数学学科的兴趣的同时，使学生产生继承、发扬数学文化的责任感与使命感，当学生产生放弃学习数学的想法时，就会有一种力量促使他们继续前行。

第七章 高等数学教学中的能力培养

第一节 高等数学教学中数学建模意识的培养

高等数学在整个数学领域中占据着十分重要的地位，它具有严谨的逻辑性和广泛的应用性，是人们在生活、工作和学习中的重要工具。而数学建模的主要意义是让学生通过抽象和归纳，将实际问题构建成可用数学语言表达的数学模型，从而顺利解决问题。在构建模型和解决问题的过程中，学生自身的数学思维及应用能力也将得到锻炼和发展。因此，如何有效培养学生的数学建模意识历来是高等数学教师积极探索的课题。以下针对高等数学教学中数学建模意识的培养提出几点建议，希望对相关教育工作者有所助益。

一、在概念讲解中挖掘数学建模思想

无论哪一门学科的知识，概念和定义的形成都建立在对客观事物或普遍现象的观察、分析、归纳和提炼的基础上，是经过科学论证形成的学科语言表达。高等数学作为一门逻辑性和应用性都较强的工具学科，这一点体现得尤为明显，换言之，其概念和定义都是从客观存在的特定数量关系或空间形式中抽象出来的数学表达；从本质上说，其本身即蕴含和体现了经典的数学建模思想。因此，教师在讲解高等数学中的概念及定义时，一定要重视挖掘其中的数学建模思想，使学生从本源的角度更好地掌握知识。具体来说，即借助实际背景或实例，强调从实际问题到抽象概念的形成过程，使学生体会数学建模思想。如此不仅有助于学生在潜移默化中逐步树立数学建模意识，也有利于其理解和掌握高等数学中的概念及定义。

例如，在讲授极限的定义时，如果教师只单纯讲解理论知识，那么不少学生会由于极限的高度抽象而感到枯燥，如此既不利于学生学习极限的相关知识，也无法使其体会数学建模思想。这种情况下，教师就可合理引入一些实际背景，结合实例进行讲授。如我国古人所说的"一尺之棰，日取其半，万世不竭"，其中就含有极限的思想；再如古代数学家刘徽利用"割圆术"求圆的面积，实际上也利用了极限思想；还可以通过一组实验数据或是坐标曲线上点的变化等实例向学生展示极限定义的形成，并深入挖掘其实质。如此不仅能使学生相对容易地掌握定义，更能使其体会数学建模思想，从而促进其数学建模意识的培养。

二、在定理学习中示范数学建模方法

高等数学中有很多重要的定理及公式，学生应在理解的基础上掌握其应用条件和应用方法，并能利用其解决一些相关的实际问题，这是学生学习高等数学后应具备的基本能力之一。而在引用某些定理解决实际问题时，毫无疑问会涉及数学建模，因此教师在日常教学中进行定理及公式的讲授时，应注意选择一些相关实际问题作为数学建模的载体，并进行详细而深入的建模示范，从而在学生刚开始接触相关定理和公式时即能激发数学建模思想的应用意识和能力。这可以说是培养学生数学建模意识的关键环节和有力途径，是促进学生形成数学建模意识的直接手段。如能长期以这种理论联系实际的方式对学生加以熏陶，无疑能使学生在潜移默化中增强数学建模意识和数学应用能力。

例如，一元函数介值定理是高等数学中的重要定理之一，其应用也比较广泛，在学习此定理时教师就可以合理引入比较有代表性的实际问题进行建模示范，例如"椅子问题"：将一把四条腿的椅子置于一个凹凸不平的平面，请问椅子的四条腿能否有同时着地的可能？在教师示范建模并加以证明的过程中，学生对抽象的介值定理有了更深层次的理解，同时体会了数学建模的应用，尤其是如何用数学语言描述实际问题，从而更好地建立模型，也在一定程度上提升了介值定理的应用能力。

三、在大量练习中感悟数学建模的应用

俗话说"实践出真知"，学生只有不断地应用演练，才能真正树立起数学建模意识，并切实体会数学建模思想及方法的应用。在这方面，数学应用题无疑是最好的练习阵地，它的主要作用在于提升学生运用所学知识解决实际问题的能力。因此，教师应准备较多的涉及建模的数学问题，尤其是突出思想和方法应用的数学应用题。在学生学习过相关理论知识后，应趁热打铁，选取一些经典的实际应用问题供学生练习和提升，即通过分析、归纳和抽象构建数学模型，而后运用数学知识解决问题。这是培养学生数学建模意识的发展和补充，值得教师高度重视。

比如，与导数相关的实际应用问题有经济学中的边际分析、弹性问题、征税问题模型等；与定积分相关的实际应用问题有资金流量的现值和未来值模型、学习曲线模型等；微分方程则涉及马尔萨斯人口模型、组织增长模型、再生资源的管理和开发的数学模型等。结合实际，还可以利用微分方程模型分析某传染病受感染人数的变化规律，从而探寻如何控制传染病的蔓延。总之，可用于学习、练习数学建模的经典实际应用问题有很多，教师应善于合理选取和重点讲解，引导学生增强数学建模能力和解决实际问题的能力，从而获得进步和发展。

综上，就如何在高等数学教学中培养学生的数学建模意识提出了三点浅显的见解，即在概念讲解中挖掘数学建模思想、在定理学习中示范数学建模方法、在大量练习中体会数学建模的应用。当然，培养学生的数学建模意识是一个具有一定深度和广度的话题，只有在教学实践中积极探索，深入思考并善于总结，才能找到更多更有效的策略及方法。

第二节 高等数学教学中数学思想的渗透与培养

根据大学生高等数学学习现状，可以发现数学思想的教学在高等数学教学中具有十分重要的意义。

一、数学思想在高等数学教学中的渗透意义

（一）有利于提高学生的数学能力

为提高学生的数学能力，需不断提高学生的数学基础知识水平，但是数学基础知识不能直接转换成数学能力，数学能力水平取决于数学思想方法的掌握程度。当知识积累到一定程度后即发生质变，从而构成理性认识，也就是形成数学思想。学生的认知能力提高后，数学能力便逐渐形成。

（二）有利于培养学生的创新能力

培养学生的实践意识和创新意识是高等数学教学的首要目标。学生在掌握原理后逐渐学会类比，随后将已获得的知识迁移到相关实践与学习中，将知识逐渐转变成能力，最终形成二次创新。因此，将数学思想融入高等数学教学不仅可以帮助学生掌握数学知识，还可以帮助学生在掌握知识的基础上实现创新。

（三）有利于培养学生的可持续发展能力

在学生未来的就业中，数学思想对于工作韧性的建立是非常有利的，数学思想可以培养学生的可持续发展能力。由于教师很难在有限时间内将全部适用于未来发展的数学知识与方法传授给学生，所以有必要在高等数学教学中渗透数学思想，使学生提高自身数学素质，获得更广泛的知识，并最终通过数学思想解决问题。因此，在高等数学教学过程中融入数学思想有利于培养学生的可持续发展能力。

二、在高等数学教学中有效渗透和培养数学思想的方法

（一）构建数学思想体系

为在高等数学教学中实现数学思想的深入渗透，首先应形成一定的数学思想体系。最基础的环节是教师通过教材知识使学生掌握数学思想及相关概念，逐渐渗透数学思想可以帮助学生理解和构建知识系统，使其学到的知识不再是零散的。当数学思想体系逐渐完备后，便可提高学生的数学能力，最终提高学习效率。

（二）与实际问题相结合

要想将数学思想真正落实到实践中，应当将数学建模思想作为纽带，将数学思想与实际问题进行联系。教师可以利用多种形式展现数学建模的本质思想，并且与学生所提出的实际问题进行联系。例如，针对北方双层玻璃问题，教师可以对学生进行有效引导，创建间层空气与玻璃、热量散失区间等关系的数学模型，并且根据模型总结假设因素、变量、常量、数学符号之间的联系，随后与单层玻璃热量流失情况进行对比，帮助学生理解生活与数学知识的关系，让学生正确运用数学概念处理实际问题，最终提高学生解决实际问题的能力，也为未来继续学习数学提供动力。

（三）将数学思想渗透到新知识中

教师应将新知识转化为自己的能力，整合教学内容，将由新知识引发出的定理、意义、公式等较有辩证理念的知识传授给学生。比如在学习极限时，教师可以首先为学生介绍相关知识背景，随后利用实际案例对极限进行讲解，再讲解定积分、导数等的定义，最后运用数学思想将处理极限问题的方法展现出来。

（四）在小结中提炼思想方法

数学思想是学生形成一定数学认知的基础，同时也是学生将数学知识转换为数学能力的重要纽带。在高等数学中相同的题目可能包含多种思想方法。在不同课程的小结中，教师运用思想提炼等方法能够帮助学生找到学习知识的"捷径"，也可以促使学生对知识的理解有一个质的飞跃。同时，学生还要注重学习，着力突破高等数学中的关键问题，并运用数学思想方法来处理这些问题，重复运用数学思想方法解决问题，最终实现数学知识的深化和巩固。

综上所述，在高等数学教学过程中，教师应该重视在课程小结中提炼数学思想方法。在此过程中，需要教师能够以标准的、有计划的、有针对性的数学思想方法进行深入"渗透"。另外，在教学高等数学相关概念时，教师也应该运用数学思想方法，打破概念学习的抽象性，便于学生更有效地掌握概念内涵；在进行公式证明或者讲解定义时，教师可引导学生运用相关数学思想进行关联与思考，如发散思维、微积分思想等。需要注意的是，将数学思想方法应用于高等数学教学是一项长远且细致的工作，因此高等数学教师应该更加重视数学思想的渗透研究。

第三节 高等数学教学中文科生的兴趣培养

在对文科专业进行高等数学教学时，教师面临的最大问题就是学生的数学基础薄弱、数学思维与逻辑性较差和由此引起的兴趣缺失。培养文科生学习高等数学的兴趣是让文科生学好高等数学的前提和关键，但兴趣培养是一项针对性非常强的系统性工作，必须在教学观念、教学方式、教学内容上精心安排、设计创新，同时注重与学生进行课后互动，从而增强文科生学好高等数学的信心。

一、文科生对高等数学缺乏兴趣的原因

文科生学数学一直是教育界的难点，高等教育虽然已进行学科分类，但仍有不少文科生需要学习高等数学，这也是打造高素质人才的应有之义。文科生学习高等数学最大的难题并不在于学习内容本身的难易程度，而是在大多数情况下，文科生本身数学基础较理科生薄弱，以及大部分文科生对枯燥乏味的数学逻辑与公式存在畏惧与抵触情绪。因此，对于高等数学教师来说，培养文科生对高等数学的学习兴趣成了文科生学好这门学科的关键所在。

文科生无法产生学习高等数学的兴趣有以下原因。

首先，高中数学学习模式所产生的思维定式无法被轻易打破，让文科生面对高等数学时望而却步，提不起兴趣。从普遍性角度看，一般高中分文理科时，选择文科的往往是数学成绩相对不理想的学生，也就是说，分科已经让选择文科的学生在心理上认同自身在数学学习能力方面存在不足，进入大学后，学生面对高等数学更无法提起兴趣。从考核标准来讲，高等数学考试大多以 60 分为及格线，不少文科生便抱着既然不感兴趣就应付及格的态度参与学习，学习效率自然无法提高。从教学内容本身来讲，一方面，由高中常量到高等数学变量的转化，涉及思维方式的升级转化，对于文科生来讲，本就薄弱的数学思维逻辑更加难以转化，难以适应，更别说灵活运用或举一反三。另一方面，

数学思维逻辑与现实运用的关联对于文科生来说是割裂的，也就是说文科生难以将数学学习与学习目的性和实效性有机关联起来，便产生了"数学无用论"等消极态度与说法，也就更难产生学习兴趣，甚至产生厌学情绪。

其次，从教师角度来看，缺乏耐心与方法的任务式教学让本来就提不起兴趣的文科生无法配合。就目前高校教师招聘要求来看，高等数学教师教学水平和经验不可谓不足，但其对数学基础较差的学生如文科生等进行教学时缺少耐心和方法，甚至缺乏责任心。某些高等数学教师不会花心思考虑如何提升文科生对所授学科的学习兴趣。而想要教好文科生高等数学的教师也存在不少对文科生水平、能力、基础把握不准的现象，他们在教学方法上习惯性选择传统模式，不愿意为文科生做根本性改变，简单地认为面对文科生多讲点、讲细点即可，教学并没有顾及文科生的"食量"与"胃口"，到最后还是让学生闻不到"香"。再者，不少高等数学教师自身从事理科行业已久，不能清晰地对比文科生与理科生的差异，不能把握数学学科与人文学科的关联性，也就无法掌握文科生的关注点或兴趣点，无法从文科生内心唤起其对数学学习的积极性与主动性。在授课方式上，有不少专家研究表明，许多教师会不自觉地模仿自己的老师的授课模式，不少教师很难做到分类指导、因材施教，无形中将自己的固有模式强加给文科生，也就增加了文科生的学习负担，降低了他们的自信心，使其失去了学习高等数学的兴趣。同时，也有不少教师认为，文科高等数学并不是文科生的专业核心课程，教师教授得好不好，学生学得好不好，学生有没有兴趣，根本无足轻重，甚至有的学院自上而下不重视，学生便更加没有了必要性的认识，学习也就没了兴趣。

从教育管理与专业学科设置目的来看，要求文科生学习高等数学是综合性高素质人才培养的应有之义。教育普遍化的当下，教育不再是一项简单的任务或责任，而是教育者与参与者共同的社会义务，对教育者而言培养专业方向的实用人才是必要的，培养综合性专业人才更是大势所趋；对学生而言，接受普遍教育，学习不同学科知识，增长的不仅仅是知识本身，更多的是在学习中成长，将学习变成自己的习惯，用丰富的知识体系实现自身社会价值。因此，培养文科生学习高等数学的兴趣恰恰是每一名高等数学教师创新教学观念、方式和内容的第一目标。

二、培养文科生数学学习兴趣的方法和途径

（一）创新教学观念

创新教学观念，成为文科生学习高等数学的协助者和促进者。这要求高等数学教师在面对文科生时必须改变以往的观念，教师不仅是高等数学知识的掌握者和传播者，更是学生培养高等数学思维方式与思辨能力的引导者。必须注重培养学生的观察、归纳、演绎、推理能力，在提升能力的基础上不断挖掘学生兴趣，给文科生更多的自主空间去消化吸收，领悟数学的"灵魂"所在，变教师主动灌输为学生主动学习，提升学生数学素质的同时夯实学生的整体素质基础。这也要求教师必须加强自我要求，在自我素质不断提升的前提下，将自己的教学观念融入具体的教学实践，让学生感悟到数学的魅力。

（二）因材施教

因材施教，针对性创新教学手段，让文科生在学习高等数学的过程中品尝学习的甜蜜。在高等数学课堂教学中，教师要引导学生主动参与，设计带有启发性、探索性和开放性的问题，调动他们学习、思考的主动性和积极性。引导学生运用试验、观察、分析、综合、归纳、类比、猜想等方法去研究探索，在讨论、交流和研究中去发现新问题、新知识、新方法，逐步找到解决问题的思路，解决一个个开放性问题，实质上就是一次次创新演练。教师要注意培养学生的发散思维能力，激发学生学习数学的好奇心和求知欲，通过独立思考，不断追求新知，发现、提出、分析并创造性地解决问题，在课堂上，要打破以问题为起点，以结论为终点，即"问题—解答—结论"的封闭式过程，构建"问题—探究—解答—结论—问题—探究……"的开放式过程。教师在教给学生学习方法和解题方法的同时，进行有意识的强化训练：自学例题、图解分析、推理方法、理解数学符号、温故知新、归类鉴别等，于过程中形成创新技能。课堂提问和课后作业中应该重视推出开放性问题，结合文科生特点，培养学生的创新精神和创新能力，从而提升学习兴趣。同时，信息化引领科技时代，教学手段必须结合时代特点进行变革，在教学过程中教师要掌握并灵活运用多媒体技术，优化教学过程，提升教学质量，让静态的知识动起来，让抽象的知识具体化，让枯燥的知识趣味化，让复杂的知识细致清晰化。但是也要注意，对于文科高等数学而言，并不是所有的内容都适合运用多媒体进行演示。比如，在一些例题的演算中，如果只是把解题过程直接搬运到投影上，从实质上也就是省去了

教师板书的时间，只会让学生觉得把书本上的文字内容放到了投影上，并不明白其中的推理和计算过程，这样的改变无疑是无用的，相反，用板书和学生进行精细化互动，启发学生的逻辑思维，可以大大提升学生的参与度与自我认可，比一味地为了用多媒体而"创新"，效果好多了。

（三）精选教学内容

精选教学内容，在广泛应用中让文科生自我感悟数学魅力。文科生的人文互动性较强，而教学本身就是一种教与学的双向互动，文科高等数学应针对文科生的专业实际，采用其习惯的如调查研究、问答思考模式，为文科生找到学习高等数学的目的和初衷。比如高等数学中有许多文科生可能比较感兴趣的，能够运用到实际生活中的一元微积分、部分线性代数微分方程和概率统计等，可以让文科生明白学习高等数学的意义，能够提升效率。这就要求教师在教学方式上多采用应用推理，理论结合实际，多选取生活中、历史上数学运用的经典案例，少一些公式解读、枯燥罗列计算，让文科生明白数学在社会历史发展中的重要性与必要性，少一些空洞解释和赘述，让学生自己解读感悟。同时，可以利用成功的数学模型，让学生能够立即明白学好数学能够为自己带来什么。

对教师自身而言，教学内容是什么，也就是能教出、教会学生什么往往是由其本身的知识储备、创新能力、丰富的教学经验和教学技巧决定的。因此，文科高等数学教师还应该不断地学习新知识、研究新问题，提高学术理论和水平，不断将传道授业解惑推向新的顶点。高素质教师培养高素质学生，兴趣教师培养兴趣学生，想培养文科生对高等数学的兴趣，教师必须不断挖掘学科内涵，将教学事业上升为兴趣和爱好，并通过自身的感染力让学生体会学好一门学科的重要性。

第四节 高等数学教学对学生数学应用能力的培养

当前是信息技术高速发展的时代，信息技术的发展给人们的生活带来了很大的影响，为人们提供了很多的便利，而科技的发展离不开数学知识的运用。当前，高等数学是众多高校的基础性必修课程。任何学科教学的目的，都在于应用与问题的解决，高等数学也是如此。高等数学教学的关键就是提高学生灵活运用数学的能力，并且在现实生活中能够运用数学来解决问题。但当前，高等数学教学中学生应用能力的培养并没有引起重视，教师采用的还是传统的教学方式，并没有真正理解知识传授与应用能力培养之间的关系，而这便是本节将要探讨的重点。

一、高校培养学生数学应用能力的现状

国内高校的扩招给予了更多学生接受高等教育的机会。高等数学作为一门基础性必修学科，其典型的特点是严谨、科学、精准，所以在实际的教学过程中，教师的教学也遵循了它本身的特点，将教学重点放在了理论知识的教授与数学问题的解答技巧和方法上。这种方法本身没有错误，但并不适合所有学生，因为有的学生本身数学逻辑思维能力较差，数学基础不牢固，单纯教授理论知识并不能促进学生的理解与吸收，数学知识与实践应用的结合更无从谈起。这种情况下，学生学习高等数学的主要目标好像就是顺利通过考试、不挂科，被动地背题、练习，主动学习意识较差，无法真正享受学习数学的乐趣，不利于自身逻辑思维能力和数学应用能力的锻炼，长此以往，不利于自身的发展。

二、高校培养学生数学应用能力效果较差的原因

（一）教学内容有待丰富

任何教师的教学、学生的学习都离不开教材。当前，高校应用的数学教材本身更加侧重于理论知识的严谨推理过程，理论性比较强，这使得理论与实践结合有限，学生学后只知其然不知其所以然，久而久之便降低了学习积极性。

（二）教学方式有待更新

考试是当前高校普遍采取的一种检验学生学习成果的主要方式。在高校中，不挂科、顺利通过考试就成了学生学习的终极目标，应付考试成了常态。在这种学习氛围下，能独立学习、认真探究数学奥秘的学生少之又少。考试固然重要，但是教师也要注重教学

过程，在教学过程中更新传统的教学方法，使学生不仅能拿高分，还可以高能。

（三）学生锻炼应用能力的意识较为缺乏

在高等数学的学习中，解决问题的主要方法是数学建模。对于教师而言，利用数学建模可以更加直观地进行讲解；对于学生而言，数学建模可以帮助他们更加全面、深入地了解某项数学知识。可以说，数学建模是真正地用数学思维去解决问题。但当前，许多学生并没有形成这种通过建立数学模型解决问题的意识，主动探究性较弱，锻炼应用能力的意识较为缺乏。

三、高等数学教学中培养学生数学应用能力的方法

（一）丰富教学内容

高等数学的特点是知识点较多、逻辑推理较为复杂、抽象，许多学生一谈高等数学就会"色变"。高等数学教材并没有特别针对不同的专业设定不同的内容，专业知识和高等数学的教材内容衔接得不紧密，更没有进行专业能力的训练，所以高等数学学起来才那么晦涩难懂。如果要真正锻炼学生的数学应用能力，首先要对教学内容进行完善，使其与专业衔接得更加紧密。例如，给医学专业的学生讲授高等数学时，讲影子长度的变化便可以利用高等数学中的极限知识点来解答，讲影像中的切线和边界可以利用导数的知识点来解决，讲影像的面积与体积也可以利用积分的知识来求解，专业知识和高等数学教材内容相互衔接，既可以提高学生的学习兴趣和热情，又能够锻炼学生的实际应用能力。

（二）丰富教学方式方法

第一，优化教学导入环节的设计。良好的课堂导入可以快速抓住学生的眼球、激发学生的学习兴趣，促进学生自主思考，使其带着问题去学习。所以，教师有必要优化教学设计，在导入环节立足于具有实际应用背景的问题，将抽象、难懂的数学问题与生活实际中的问题相结合，这样既能增加数学的学习趣味性，又能够增强学生的应用意识，使其感受到数学知识的应用其实是非常广泛的。比如，当学习积分知识点的时候，可以天舟一号的成功发射为背景，提问天舟一号发射的初速度怎么用积分来计算和设计，使

学生在学习的过程中增强爱国意识和主人翁意识。

（三）合理采用现代化的教学手段

当前，多媒体教学方式在高校中的应用越来越广泛，的确带来了许多的便利，但也不能否认传统板书长久以来的重要地位，所以可以考虑将二者进行有效结合。教师应合理采用现代化的教学手段，充分激发学生的学习热情，培养学生的实际应用能力。

在高等数学的教学过程中，一方面要注重学生逻辑思维能力的锻炼，另一方面要更加注重学生数学应用能力的培养，真正实现学以致用。

第五节 高等数学教学对学生思维品质的培养

高等数学在不同的后继学科以及不同的专业领域的理论研究中起到非常重要的作用。因此，为了深入地开展其他后继学科的研究工作，必须让学生真正掌握好高等数学知识，重点培养学生理性、严谨、缜密等优良思维品质。

一、高校学生和高等数学的特点

高等数学课一般在大学一年级开设，授课时间为一年，每周六课时或五课时。一年级学生刚从高中进入大学，对于数学的教和学来说，存在两方面的问题：一是学生的学习习惯问题。在初、高中期间，学生一直忙着备考，教学偏重大量的计算，涉及的理论知识较少，且这些少量的理论知识需要大量的练习去巩固。学生一直在教师直接、耐心、细致的指导下进行学习。尤其是高中阶段，每个学生的习题集和试卷都是厚厚的一大摞。学生已习惯于在教师的指导下进行学习，学习的目的很明确，就是为了应考。二是学生的心理适应问题。进入高校，教学方式发生了根本性的变化，从"灌输式"变为"放羊式"，学习主要靠学生的主体性来体现，一改过去"强灌"的做法。教学工作几乎都在课堂进行，平时教师学生接触较少，部分学生会出现无所适从的情况，还有一部分学生出现了"进入高校先放松一段时间，玩玩再说"的想法，时间一长，就会出现学习困难的现象。

高等数学主要是作为一门基础课开设的，其特点主要有以下几点：

一是时间紧，在一年的时间内要学完本专业将要使用的主要数学知识；

二是任务重，课程内容包括微积分（一元和多元）、空间解析几何、微分方程等内容；

三是应用程度高，学生对以上知识不仅要学懂、学会，还要善于在实际中解决问题，这就增加了教学的难度。

二、高等数学教学与育人的关系

教育的终极目标是育人。育人不但包括知识的传授，更为重要的是培养对社会、对各个领域能够起到推动作用的人才。所以，为达到这个教育目标，转变理念是极为关键的。对于教师而言，通常都是在相应的教学目标与理念的指导下进行教学工作的。对于学生而言，学习理念也十分重要，它不但指导学习，并且也影响了学生的学习观、自信心等。在高等数学的教学过程中，教师可在每一章节之前增加序言，以便能够适当融入思想教育。例如，在讲解极限概念时以我国古代数学家刘徽通过内接正多边形演算圆面积——割圆术为例，告诉学生这是极限思想在几何学上的运用，也是极限思想最初来自于我国的历史事实。以此激起学生的自豪感以及爱国热情，使得他们的学习目标与定位更加清晰。

高等数学中的很多概念十分机械，但是不同分支、不同概念、不同知识点却相互关联，其逻辑性也很强。所以，若在教学过程中适当地讲解一些数学史方面的知识，不仅能够使得课堂气氛更加生动活泼，也能够激发学生的学习兴趣。例如，在讲解微积分章节的时候，让学生知道它是数学历史上的重大突破，并介绍牛顿—莱布尼茨定理（微积分基本公式）形成的特殊背景，并告诉学生该定理充分揭示了定积分与被积函数的原函数或不定积分之间的关系。数学史是数学以及科学史的分支，在高等数学教学过程中引入数学史，将理论与实际相结合，能够不断提高学生的学习激情，改善学习效果。

三、在教学过程中培养学生的思维品质

（一）鼓励学生具有勇于探索的精神

拥有创造性思维的前提就是具有勇于探索的精神，这种精神的缺失将导致创造性思维的消失。创造性思维不仅表现为完整的新发现和新发明的思维过程，而且还表现为在思考的方法和技巧上，在某些局部的结论和见解上具有新奇独到之处。创造性思维是人类思维的一种高级形式，这种思维不限于已有的秩序和见解，而是寻求多角度、多方位开拓新的领域、新的思路，以便于找到新理论、新方法、新技术等，创造性思维是逻辑思维、非逻辑思维、形象思维、灵感思维等的有机结合，是智力因素和非智力因素的巧妙互补，在创造过程中处于中心和关键的地位。因此，教师在传授数学知识的同时，要给学生介绍一些数学史，鼓励学生像那些伟大的数学家一样对传统的观念和传统的理论进行批判性思考，让学生明白，数学的发展是在新的实践基础上批判性地改造前人积累的成果，而不是简单地承袭过去。

（二）开拓学生的思维，培养善于探索的能力

作为一门科学，数学是知识、思想和方法的统一体。教师应开拓学生的思维，培养其善于探索的能力，这里的"探索能力"其实就是指学生把在数学课中学到的知识、思想和方法按照自己的理解深度思考，然后在头脑中形成的具有一定规律的整体结构的能力。数学教学是学生认知结构和个人积累的主要形式。认识的发生和整理是数学教学的两个阶段。而就学生探索能力的培养而言，整理要比认识的发生更为重要。把传授知识和培养能力有机结合的教育措施就是学生探索能力的引导。在培养学生的探索能力时，教师还应该掌握一些微观的教学方法论，如归纳法和类比法。下面以类比法为例进行分析：

通过类比，看到几种积分的定义都是按"分割—近似求和—取极限"三个步骤引出的，可把它们统一。另外，教师应该引导学生将牛顿—莱布尼茨公式、格林公式、高斯公式、斯托克斯公式进行类比。例如，若将牛顿—莱布尼茨公式视为它建立了一元函数在一个区间的定积分与其原函数在区间边界的值之间的联系；通过类比，就可将格林公式视为它建立了二元函数在一个平面区域 D 上的二重积分与其原函数在区域边界 L 的曲线积分之间的联系；以此类推，从而可将格林公式、高斯公式、斯托克斯公式都看作牛顿—莱布尼茨公式的高维推广。

（三）鼓励学生发散思维，优化学生思维品质

发散思维是一种重要的创造性思维，具有流畅性、多端性、灵活性、新颖性和精细性等特点。思维的多向性是发散性思维的本质特征，主要表现就是多方向、多角度和多层次地对已知信息进行分析思考、汲取和重组，从而使思维不恪守常规，善于开拓、变异并提出新问题。采用多种途径寻求问题解答，这种思维方式对于培养学生创造性思维具有更直接和更现实的意义。在高等数学教学中，一题多解、一题多变是非常有效的方法。

教师的传授与学生的学习其实是一个互动的过程，是双方共同解决问题的探究活动。在教学过程中鼓励学生参加教学的整个环节，是有效地激发学生创新性思维的有效方法。教师利用启发式的教学，运用好提问等教学技巧，全面开拓学生的思路，拓展学生思维空间，让高等数学教学的整个过程成为学生探究的过程。

第八章　高等数学的教学方法

第一节 高等数学中的案例教学

新时期教育对教育质量和教学方法提出了越来越高的要求，高校的教育理念不断更新，教学方法不断发展。高等数学作为高校重要的基础课，可以培养学生的抽象思维和逻辑思维能力。目前学生学习高等数学的积极性较低，对此教师可以应用案例教学法，该方法灵活、高效、丰富，能充分提升学生的主观能动性和积极性，增强其分析问题和解决实际问题的能力，培养学生的创新思维，实现新时期创新人才培养目标。本节将就高等数学中的案例教学展开论述。

一、高等数学教学中运用案例教学的意义

案例教学是一种以案例为基础的教学方法，教师在实际教学过程中，将生活中的数学实例引入教学，运用具体的数学问题进行数学建模。教师在教学中发挥设计者和激励者的作用，鼓励学生积极参与讨论。高等数学教学的最终目标是提高学生的实践意识、实践技能和具有开创性的应用能力。在数学教学中引入案例教学打破了以理论教学为主的传统数学教学方法，实行的是以数学的实用性为核心，尊重学生自主讨论的数学教学理念。

案例教学法在高等数学教学中的运用，弥补了我国传统教学方法的不足，将数学公式和数学理论融入实际案例，使之更具现实性和具体性。让学生在这些实际案例的指导下理解解决实际问题的数学概念和数学原理。案例研究法还可以提高学生的创新能力和

综合分析能力，使学生很好地将学习到的知识融入现实生活。此外，案例研究法还可以提高教师的创新精神。教师通过个案研究获得的知识是内在的知识，它有助于教师发现并解决教学中出现的问题，及时对教学进行分析和反思。在案例教学法中教学情境与实际生活情境的差距大大缩小，案例的运用也能促使教师更好地理解数学理论知识。

二、高等数学案例教学的实施

案例教学法在高等数学教学中的应用，不仅需要师生之间的良好合作，而且需要有计划地进行案例教学的全过程，以及在不同阶段实施相应的教学工作。在交流知识内容之前，教师应该先对知识简单介绍，让学生更好地了解相关知识。教师也可以提前将案例材料发给学生，让学生阅读案例材料，核对材料和阅读材料，收集必要的信息，积极思考案例中问题的产生原因和解决办法。

案例教学的准备包括教师和学生的准备。教师根据学生的数学经验和理论知识，编写数学建模案例。在应用案例教学法时，教师应先概述案例研究的结构和对学生的要求，并指导学生组成一个小组。然后选择紧密联系教学目标的教学案例，尊重学生对知识的接受程度，最终为数学教学找到一个切实可行的案例。教学案例的选择和设计应考虑到这一阶段学生的数学技能、适用性、知识结构和教学目标。通常，理论知识是抽象的，这些知识、概念或思想是从特定的情况中分离，并以符号或其他方式表达出来。在应用案例教学法时，应注意教学内容和教学方法，强调数学理论内容的框架性，需要计算的部分可通过计算机进行。例如，在极限课程的教学中，应强调极限的来源和应用的限制，而不强调极限的计算。

三、高等数学案例教学的特点

（一）鼓励独立思考，具有深刻的启发性

在教学中，教师指导学生独立思考，组织讨论和研究，做总结和反思。案例教学能刺激学生的大脑，让注意力随时间调整，有利于学生保持最佳的精神状态。传统的教学方式阻碍了学生的积极性和主动性，而案例教学则是让学生思考和塑造自己，使教学充

满生机和活力。在进行案例研究时，每个学生都必须表达自己的观点、分享经历，如此一是取长补短，提高学生的沟通能力；二是起到激励作用，让学生主动学习、努力学习。案例教学的目的是激发学生独立思考和探索的能力，注重培养学生的独立思考能力，培养学生分析和解决问题的思维方式。

（二）注重客观真实，提高学生实践能力

案例教学的主要特点是直观性和真实性，由于课程内容是一个具体的例子，所以它呈现出一种形象，以一种直观生动的形式向学生传达一种沉浸感，便于学习和理解。学生在一个或多个具有代表性的典型事件中，形成完整严谨的思维、分析、讨论、总结方式，提高学生分析问题、解决问题的能力。众所周知，知识不等于技能，知识应该转化为技能。目前，大多数学生只学习书本知识，忽视了实践技能的培养，这不仅阻碍了自身的发展，也使得将来很难适应职场。案例研究就是为这个目的而诞生和发展的。在校期间，学生可以解决和学习许多实际的社会问题，从理论转向实践，提高学生的实践技能。

高等数学案例教学运用数学知识和数学模型解决实际问题，案例教学法在高等数学教学中的应用，充分发挥了学生的主观能动性，能有效地将现实生活与高等数学知识结合起来，从而使学生在学习过程中获得更好的学习效果，提高高等数学教学质量。案例教学可以创设学习情境，激发学生学习数学的兴趣，提高学生的实践能力和综合能力，促进学生的创新思维，实现新时期培养创新人才的目标。

第二节 高等数学教学方法与素质教育

高等数学只有突破传统教学模式的束缚，适应现代素质教育的要求，才能培养出具有高素质的卓越人才。

一、改革传统授课方法，探索适应素质教育需要的新内容和新形式

目前许多高等数学课堂仍以教师的讲解为主，主要讲概念、定理、性质、例题、习题等内容；以学生的学习为辅，学生跟随教师抄笔记、套公式、背习题、考笔记。学生在教学活动中的主体地位被忽视，被动地接受教师讲授的内容，完全失去了学习的积极性和主动性，无法培养创新思维和创新能力，与素质教育的目标背道而驰。但由于高等数学的知识大多是一些比较抽象难懂的内容，学生的学习难度较大，学生对高等数学基础理论的把握以及对基本概念、定理的理解离不开教师的讲解，因此讲授式的教学方法在教学实践中起着相当重要的作用，但要对其进行必要的革新，使其符合素质教育的需要。

（一）优化教学内容，制定合理的教学大纲，为讲授法提供科学的理论体系

高等数学课程应根据生源情况及各专业学生学习的实际需求，在保持全面的同时优化教学内容，对其进行适当的选择和精简，制定符合各类专业需求的科学合理的教学大纲，并建立符合素质教育要求的高等数学课程体系，力求使学生能够充分理解和系统掌握高等数学的基本理论及其应用。为此，可将高等数学分为四类，即：高等数学 A 类、高等数学 B 类、高等数学 C 类和高等数学 D 类，其总学时分别为 90 学时、80 学时、72 学时和 70 学时、教学内容的侧重点各不相同，如此制定的教学大纲适应高等教育发展的新形势，符合教学实际情况，有利于提高学生的数学素质，培养学生独立的数学思维能力。

（二）运用通俗易懂的数学语言讲授

教学过程中，学生学习高等数学的最大障碍就是对高等数学的兴趣不高。开始学习高等数学时，大部分学生都以积极热情的态度来认真学习，但在学习的过程中，当遇到相对抽象的数学概念、定理和性质时，就会失去热情，产生挫折感，甚至有一小部分学生因而丧失学习高等数学的兴趣。因此，为了激发学生学习高等数学的兴趣，教师可以把抽象的理论用通俗易懂的语言表述出来，将复杂的问题进行简单的分析，这样学生理解起来就相对容易一些，从而使讲授获得更好的效果。

（三）利用现代化的教学手段创新讲授方式

长久以来，高等数学的教学一直都是教师凭借"一块黑板＋一支粉笔"进行讲授，这种教学方式使学生产生一种错觉，认为高等数学是一门枯燥乏味、抽象难懂，与现实联系不强的无关紧要的学科，致使学生不喜欢高等数学，甚至丧失了对数学的学习兴趣。那么如何培养学生的学习兴趣，提高学生的数学文化素养，进而提高教学质量呢？这就需要教师在不改变授课内容的前提下，运用现代化的教学手段，以多媒体教室为载体，实现现代教育技术与高等数学教学内容的有机结合，使学生获得综合感知，摆脱枯燥的说教，使课堂教学变得生动形象、易于接受，进而提高学生学习的主动性。

二、运用实例教学缩短高等数学理论与实践的距离

讲授法作为高等数学教学的主要方式，有其合理性和必要性。但是讲授法也有一定的弊端，容易造成理论和实践的脱节。因此，在强调讲授法的同时，必须辅之以其他教学方法来弥补其不足，以满足素质教育对高等数学人才的要求，而实例教学法就是比较理想的选择。

（一）实例教学法的基本内涵及特点

所谓实例教学法就是在教学过程中以实例为教学内容，对实例所提出的问题进行分析假设，启发学生对问题进行认真思考，并运用所学知识作出判断，进而得到答案的一种理论联系实际的教学方法。

与传统的讲授法相比，实例教学法具有自己独具一格的特点。实例教学法是一种启发、引导式的教学方法，改变了学生被动地接受教师所讲内容的状况，将知识的传播与能力培养有机地结合起来。实例教学法可以将抽象的数学理论应用到实际问题中，学生可以充分地认识到这些知识在现实生活中的运用，从而深刻理解其含义并牢固地掌握其内容。激发学生的学习兴趣，活跃课堂气氛，培养学生的创造能力和独立自主解决实际问题的能力，是一种帮助学生掌握和理解抽象理论知识的有效方法。

（二）实例教学法在高等数学教学中的应用及分析

将实例教学法融入高等数学教学的一个有效方法是在教学过程中引入与教学内容

相关的简单的数学实例，这些数学实例可以来自实际生活的不同领域，通过解决这些具体问题，能够让学生掌握数学理论，而且能够提高学生学习数学的兴趣和信心。

下面通过一个简单的实例说明如何把实例教学融入高等数学教学。

实例函数的最大值、最小值与房屋出租的最多收入问题。函数最大值、最小值的理论学习是比较简单的，学生也很容易理解和掌握，但它的思想和方法在现实生活中却有着广泛的应用。例如，光线传播的最短路径问题，工厂的最大利润问题，用料最省问题以及房屋出租获得最多收入问题等。

教师在讲到这一部分内容时，可以给学生一个具体实例。例如，一房地产公司有 50 套公寓要出租，当月租金定为 1000 元时，公寓会全部租出去，当月租金每增加 50 元时，就会多一套公寓租不出去，而租出去的公寓每月需花费 100 元的维修费，试问房租定为多少可以获得最多收入？此问题贴近学生的生活，能够激发学生的学习兴趣，调动学生解决问题的积极性和培养学生独立创新的能力。在教学过程中，教师首先给出学生启发和暗示，然后由学生自己来解决问题。此时学生对解决问题的积极性很高，大家在一起讨论、想办法、查资料，不但出色地解决了问题，找到了答案，而且在这一系列的活动中，学生对所学的知识有了更深入的理解和掌握，得到了事半功倍的教学效果。可见，实例教学法在高等数学的教学中可以起到举足轻重的作用。

结合素质教育的要求和高校大学生对学习高等数学的实际需要，通过综合运用多种教学方法，多方面提高学生的数学理论水平和实践创新能力，使学生的数学素养和运用数学知识解决实际问题的能力得到整体提高，进而为国家培养更加优秀的复合型人才。

第三节 职业教育中的高等数学教学方法

高等数学在工科的教学中有很重要的地位，然而大部分针对高职学生的高等数学教材还是以理论性的内容为主，和社会生活联系并不多，使很多高职学生不愿意学习高等数学。要改变现状，需要高等数学教师对教学内容和教学方法进行变革，从而提高教学质量。

职业院校的学生数学水平参差不齐，部分学生可以说是零基础，学生主观上对高等数学有畏惧情绪。客观上，高等数学难度较大，需要更严密的思维，因此职业院校的高等数学教学存在较大难度。数学是所有自然科学的基础课程，是一门既抽象又复杂的学科，它培养人的逻辑思维能力，帮助人形成理性的思维模式，在工作、生活中的作用不可或缺，所以任何一名学生都不能不重视数学。高等数学教师必须迎难而上，提高学生的学习兴趣，充分地调动学生学习数学的积极性，同时适当调整学习内容，丰富教学方法。

一、根据专业调整教学内容

职业院校学生学习高等数学的目的不是从事专业的数学研究，而是为学习其他专业课程打基础并培养逻辑思维能力，因此比较复杂的计算技巧和高深的数学知识对于他们未来工作的作用并不明显。而现在职业院校高等数学教材针对性不强，所以教师需要根据学生的专业情况对教材进行必要的取舍。例如，对于机电专业的学生来说，学习高等数学中的微分、积分、级数等，达到能够在专业课程中应用的目的即可，而像微分方程这类在专业课程中并不涉及的知识点可以省略，因为专业课程中对数学计算的难度要求并不高，因此较复杂的计算也可以省略。

二、提高学生的学习兴趣

兴趣是最好的老师，数学是美的，但是数学学习往往是枯燥的，学生很难体会到数学的美妙。如何提高学生对高等数学的兴趣是授课教师需要思考的问题。教师可以在教学中加入一些生活中的数学应用，比如，为什么人们能精确预测几十年后的日食，却没法精确预测明天的天气；为什么全球变暖的速度超过一个界限就变得不可逆了；民生统计指标到底应该采用平均数还是中位数；当人们说两种乐器声音的音高相同而音色不同的时候到底是什么意思……在这些例子中数学是有趣的，这体现了基础、重要、深刻、美的数学。

三、培养学生的自我学习能力

授人以鱼不如授人以渔，单纯教会学生某一道题目的计算方法不如使学生掌握解某一类题的方法。因此，教师讲解题目时可以结合方法论。例如，告诉学生解题就和解决任何一个实际问题一样，首先从要观察事物开始，把数学题目观察清楚；接下来就需要分析事物，搞清楚题目的特点、函数有什么样的性质、证明的条件和结论会有什么样的联系，根据计算情况准备相应的定理和公式；最后就是解决问题，结合掌握的计算和推理技巧完成题目的求解。如此，学生完成的不再是一道道独立的数学题目，而是方法论的应用。"教是为了不教"，学生掌握解题方法，有自学能力，之后碰到实际问题也能自主解决。

四、重视学生逻辑思维的训练

不管是在工作还是在生活中，教师可以在教学中加入一些具有社会争议性的话题，用数学的方法和思想加以分析，揭开事件的真相，学生的逻辑思维会在其中逐步提高。

教育是一种刚需，高等数学教育是不可缺少的，然而教学内容和教学手段不应墨守成规，要根据社会和学生的需求有所改变。职业学校的高等数学教学目标应该是让非数学专业的学生能够最大程度地掌握真正有用的现代数学知识，了解数学和学习数学的意义。

第四节 高等数学与中学数学的衔接方法

目前，大学新生在学习高等数学这门课程时普遍觉得不适应，有的学生经历半个学期后依然难以达到入门水平。基于此，为确保学生从中学数学平稳过渡到大学数学，教师需要采取有效方法，合理衔接中学数学与高等数学，推动高校教学质量更上一层楼。

一、高等数学与中学数学的不同之处

（一）知识的不同

1.知识具备一定重复性

立足对现有教材的调查分析可以发现，学生对于很多高等数学知识已然有了了解认识，如导数的概念及计算、四则运算法则等。但学生却不知晓这些知识点的由来和应用，难以熟练完成复杂函数的极限与求导、求解等过程。

2.知识有断层

高等数学与中学数学之间存在知识点重复现象，同时也存在知识断层、难以衔接的问题。如多数学生在中学数学中没有了解过三角函数正割以及余切、余割函数、积化和差、反三角函数、和差化积、万能公式等知识点，无法直接进入高等数学的相关学习。

（二）教学方法的不同

纵观中学教学进程，教师教学时一般都是通过大量例题与习题实现某个知识点的提高与巩固，旨在让学生能够扎实地掌握知识。而高校采取的是大班授课方法，教学内容非常多，知识点紧凑，一般是在课堂上讲解知识要点，较少进行课堂习题练习，且较少针对对应习题分析，学生需要在课后自行对知识归纳总结，进行习题训练，在对课堂内容的理解与掌握上存在一定困难。

（三）反馈的不同

中学生一般没有较多时间对课本内容进行仔细阅读，课本上的知识基本靠教师在课堂上进行讲解，而课余时间大多用来完成教师布置的相关作业。课后，中学生有较多机会接触教师，可以针对不懂的问题向教师及时反馈并展开询问。但高校教师与学生除了上课外基本没有见面的机会，即使可以通过聊天软件等进行沟通，但沟通频率与沟通效果均不理想更有部分教师仅通过作业和测验获得相关信息的反馈。

（四）心理的不同

中学会频繁进行考试，通过考试进行查缺补漏，使学生长期处在紧张的学习状态中，以达到高效学习的目的。很多学生将大学看作调整、休息的时期，从思想上放松学习，未对自己提出较高要求。同时，大学生需进行自我管理，依靠自身安排学习与生活，容易出现茫然失措的心理，部分学生不会合理安排时间。

二、有效衔接高等数学与中学数学的具体途径

（一）强化知识衔接

从立足知识内容的角度出发，高等数学是初等数学的深化和提高。针对高等数学课程，要将初等数学当作基础，在中学时期学过的幂函数、指数函数、对数函数、三角函数等的基本性质和运算，平面解析几何中常见曲线方程、图形、不等式的性质等内容在高等数学学习中经常用到，这些知识点在课堂上仅需要简单复习即可，避免重复。

部分高等数学知识在初等数学中尚未涉及或者涉及的角度和侧重点不同，针对此类内容，教师不能认为学生在中学已经掌握就轻描淡写或一带而过，避免在高等数学与中学数学之间形成"空白"地带，从而造成高等数学与初等数学在某些知识内容上的脱节。例如，极坐标系的建立、常见函数的极坐标方程等知识在中学课程中没有涉及，而高等数学中的积分运算和积分应用问题以此为基础，若不补充讲解，学生学习这部分内容时就会有困难。中学虽已开始学习极限、导数、积分、向量的概念及计算，但仅侧重于简单计算，到了大学还要学习这些内容，且侧重于对基本概念的理解及实际问题中的具体应用，因此教师在教学中一定要讲清楚它们的不同要求，尤其要注意中学数学内容和高等数学内容的衔接关系，使教学中知识内容不会重复，也不会脱节，利于学生顺利渡过学习难关。

（二）做好方法衔接

1.循序渐进地开展教学

在高校数学教学中，刚开始的几次课教师的教学速度应稍微放缓些，不断提醒并引导学生养成良好的预习习惯，使之能够带着问题上课，在课堂学习中认真把握重难点，认真做好课堂学习笔记，在课后积极完成复习，全面总结归纳，列好层次分明的课程内容提纲，以便为复习提供便利。学生在中学时，所学定理与练习习题间多关系密切，但是高等数学则不然，此课程体系拥有较强理论性，博大严密，概念推演与逻辑联系十分严谨，学生仅依靠练习习题难以全面理解并掌握相关理论，即使弄懂概念也不一定会做

习题，因此应注重培养学生边看书边思考的学习习惯，立足整体角度出发，让学生全面掌握基本理论方法，在高等数学与中等数学衔接中实现自学适应能力的有效强化。

2.精心选择例题与习题并强化解题技巧指导

在高等数学教学过程中，教师应从方法角度对比初等数学，如果可以，尽可能选择一些既能够用到初等数学知识又可以用到高等数学知识解决的相关问题，让学生分别运用两种办法解决问题，切实体会知识间的相融性，全面激发学习兴趣，强化理解能力，提高认知水平。例如，在初等数学中较常运用配方以及不等式进行极值求解，此类方法的优势在于利于学生理解，使学生更好地掌握知识。然而这些方法的应用存在以下缺点：要求的技巧性较高，尤其是针对较复杂的问题时能够适用的范围相对较窄，仅可针对特殊问题进行求解；最值与极值两个概念容易混淆，导致极值遗漏。但通过微积分手段对极值展开求解，能够遵循固定程度，对应要求的技巧性相对较低，具有较为广泛的适用面，更容易区分极值与最值。

3.基于多媒体教学应用实现学生思维能力的锻炼

实践证明，高等数学是一门具有较强抽象性的课程，在日常教学实施过程中教师应注重多媒体教学手段的优化运用，基于板书结合多媒体及数学软件、学生实验的方法，不断强化学生对数学概念理论的理解，教学效率明显提高。例如，引入定积分时，基于多媒体动画功能的优化运用，通过矩形面积和极限展示曲边梯形面积，能够把定积分这类十分抽象的概念更加生动形象地展现出来。与此同时，鼓励学生多动手，使思维能力得到强化锻炼，如教学定积分时，引导学生进行编程计算，通过分割不同的积分区域实现不同值的获取，分割得越细则越能获得精确的计算结果。基于这一系列操作，学生可以深刻理解分割求和取极限对应的微分思想。

（三）改进考查方式

中学数学较常见的考查方式是闭卷考试，目的在于对学生的知识理解及实际运用程度实施考查，采用较多的题型是计算题，应用题和证明题数量相对较少。一部分数学基础薄弱的学生难以理解数学定理及解题思路，普遍依靠死记硬背，结束考试之后很快就会忘光。而高等数学因为内容深奥、抽象，应在考查基础知识的同时重视考查能力，要将知识以及能力、素质的对应考查有机结合在一起。

第一，充分重视日常课堂考查并完成教学成果检验的及时反馈，检验学生知识掌握程度。每章节及期中、期末展开测试固然重要，但在平常针对学生进行知识掌握情况的考查同样不容忽视。课堂提问、课后题思考以及课后作业等均属于日常考查，在整个课堂教学中始终贯穿课堂提问，作用在于针对已学知识与将要学到的知识承上启下，保证教学流畅开展，有助于学生加深概念理解与方法掌握程度，使之合理避免规律性错误的形成，有效建立正确的数学思想。

第二，综合评价学生并拓展考查方式。教师应就学生的数学能力展开细化评价，基于多元化方式的运用，组合给分，综合评价。立足基础的综合评估，将学生数学知识的掌握情况公正合理地反映出来。

综上可知，高等数学教师应结合实际情况，立足现状分析，认真采取有效措施完善高等数学与中学数学的衔接，保障高等数学取得较高的教学质量，推动数学教育更上一层楼。

第九章 高等数学教学的实践应用

第一节　微课在高等数学教学中的应用

传统的高等数学教学模式大多过于枯燥，再加上高等数学本身就晦涩难懂，很多学生在面对该学科时望而却步。而从 2010 年开始，在国内兴起的微课教学为高等数学教学提供了新的思路。将微课应用到高等数学教学中，能够生动形象地向学生展示一堂课的重难点知识，从而增强学生的学习积极性，加深他们对该部分知识的印象。因此，将微课教学应用到高等数学教学中具有现实意义。

一、微课的概念

微课，全称是"微型视频课程"，它是以教学视频为主要呈现方式，围绕学科知识点、例题习题、疑难问题、实验操作等进行的教学过程及相关资源的有机结合体。简单来说，就是教师将一堂课的精华以视频方式向学生展示，以达到教学的目的。因此，从微课的概念来看，微课一般是短小精悍的，视频时长基本控制在 10 分钟以内，内容少但针对性强。

二、微课的优势

作为现代教育技术发展的产物之一，微课较传统教学模式来说具有其强大优势。

（一）时间短，减轻学生学习压力

传统课堂的时间一般在 40～45 分钟，这对学生的注意力要求很高。事实上，即便是上课特别认真听讲的学生，也不可能在这一节课里的每分每秒都十分专注。科学研究表明，学生的注意力最集中的时期是在一堂课的前 10 分钟和最后 10 分钟，也就是说这 20 分钟才是学生吸收知识的黄金时间。而微课教学的时间设置恰好符合学生的学习习惯，使他们在这短短的 10 分钟里集中注意力，全神贯注地听课、思考和做笔记。从另一个层面讲，这样的模式大大地减轻了学生的学习压力，使他们从疲惫和厌倦中解脱出来，真正参与课堂，从而获得知识。

（二）实现资源共享，有利于教师队伍的整体发展

由于微课可以使用手机、数码相机和数码摄像机等摄像设备拍摄，主要依托视频软件等多媒体技术进行展示，且资源容量较小，因此传播起来十分方便快捷。有了这些技术支撑，微课教学就能实现学生的移动学习、泛在学习，使教师和学生都能在线观摩课例，查看教案、课件等辅助资源，大大提高了资源利用率。对很多刚进入教师行业的年轻教师来说，微课也是一个很好的学习研究平台，他们能在线观看有经验的教师们是如何进行教学的，然后不断地借鉴与反思，提高自己的教学水平。从这个角度来讲，微课教学模式能用较低的成本、较快的时间使教师获得成长，从而促进整个教师队伍的良好发展。

三、高等数学教学中微课的应用策略

随着现代教育技术的不断普及和进步，教育方式也在不断推陈出新。微课作为我国教育改革中势头最猛的一匹黑马，由于其短小精悍、针对性强等特点，已经在教学中发挥了积极的作用，尤其是在课程设计与开发、师资队伍建设、数字化教学资源建设等诸多领域产生了重要而深远的影响。因此，在微课理念下，如何啃下高等数学这一块"硬骨头"，是值得高等数学教师深入思索和探究的。

（一）创建微课情境

由于很多学生重专业课轻基础课，所以他们对高等数学课程的学习表现得十分懈

怠，甚至有厌烦、抵触等情绪。在充分理解学生这一思想状态的前提下，教师应有针对性地创设微课情境。譬如，将高等数学中一些复杂抽象的知识点转换成形象具体的内容，并通过创建模型、视频演绎等方式使所教内容形象化，从而有利于学生的学习。又如，在讲授空间几何等知识点时，可以在课前导入部分，将教学内容融入微课视频，给学生足够清晰的视觉感受，从而拉近学生与高等数学的距离。

（二）增强课堂互动性和学生自主性

新课标理念下，教师不仅要向学生传授基本知识，还要充分重视学生的学习自主性，培养他们的学习能力和探索精神，使他们真正成为学习的主人。因此，微课教学的引入要在这一方面下功夫，着重培养学生在课堂上的积极性，提高他们的参与度，而教师则应该大胆放手，从学生的"服务商"转变成知识的"供应商"，实现以学生为中心的教学。具体教学实践可以借助微课视频，将一部分知识渗透到微课中，同时给学生留出足够的思考和讨论的空间，鼓励学生大胆表达自己的看法和见解，从而强化师生之间的互动，使整个课堂气氛更加热烈。如教师在进行线性代数和微积分等课程的教学时，可以多设置问题，让学生思考讨论，在问题解答环节也只在关键步骤进行引导，细节问题则交给学生自行完善，从而加深学生对该部分知识的记忆。

现代社会科学技术日新月异，这对教育来说无疑是如虎添翼的好事。而微课作为一种新兴的教学模式，改变着人们传统的教学观念，也能有效弥补了传统课堂教学的缺陷，拓展了课堂教学的时空，促进优质教学资源的整合，体现学生的主体地位，从而提高教师的教学效果和学生的学习能力。因此，将微课应用到高等数学的教学中是势在必行的。如今，只有不断地完善微课教学模式，促进其与高等数学教学的融合，坚持科学有效的原则，才能使微课在其中发挥更大的能量，为我国的教育数字化改革做贡献，把学生的学习变成一件快乐的事，使学生学在其中，乐在其中。

第二节 元认知在高等数学教学中的应用

元认知作为心理学中的重要理论，在高等数学教学中具有较高的应用价值，对学生的数学学习能力、思维能力以及创新意识的培养及提升有着积极意义。基于此，下面将探索如何通过高等数学教学培养高校学生的元认知能力，希望可以促进学生喜欢数学、学懂数学且能较好地运用数学解决问题，以此实现数学教育的最终目的。

元认知理论是 20 世纪 70 年代美国心理学家费莱维尔提出的，所谓元认知，就是个体对自身认知活动的认知。元认知使得心理学的相关理论得到丰富，将其运用于高等数学教学中，对于更好地开发学生智力，培养学生的数学学习能力、思维素质以创新能力具有现实意义。

一、元认知在高等数学教学中的应用价值

（一）有利于提升学生的数学学习能力

学生在不同的学习环境下选择合适的认知策略，学习将事半功倍，这种选择就是基于元认知的高度控制及严密调节完成的。通常情况下，数学学习成绩优秀的学生在元认知方面较之数学学习成绩一般的学生要更优秀，这主要是在元认知的作用下，学生懂得如何制订适合自己的学习计划，并选择符合自身个性需求的学习方法。同时，对学习过程中出现的问题和认知出现的偏差，学生懂得进行反思并以最快速度找出纠正策略，经总结之后，对自己的学习动机、态度以及认知水平不断评价，以此调节并把控自己的学习。

（二）有助于培养学生的思维素质

数学思维素质包含了学生认识问题、分析问题以及解决问题的能力等多方面。在学习高等数学的过程中，不同学生认识问题的深度是有所区别的，在分析问题方面也有速

度快慢的区别,对于解决问题也存在方法选择灵活度的差异性。学生数学思维素质存在差异的主要原因在于,不同学生数学思维结构的内在运行机制有较大差异,尤其是元认知,它关系着学生的数学思维结构中各系统控制状态及调节水平是否良好。若学生的元认知水平高,就可以较好地把控及调整数学思维活动,且表现出的反思能力较强,可以有效掌握数学思维的策略知识。这就在很大程度上使得学生的数学思维素质具有鲜明的个性特点,例如,批判能力、独创能力更为明显,同时其数学思维在灵活度、敏捷度以及深刻度方面更具优势。因此,加强数学元认知的培养,可以有效促进学生数学思维素质的提升,对提升智力水平具有重要作用。

二、高等数学教学中元认知能力的培养策略

(一)强化教师元认知水平

教师队伍作为教学体系中的必要保障,其自身的元认知水平尤为重要,因此要培养学生的数学元认知能力,必须确保教师的元认知水平也处于较高状态。当教师自身具备较高的元认知水平时,可以明确怎样开展高等数学教学活动,懂得分析、选择与学生能力相适应的教学内容及教学方式,可以对教学活动予以积极计划并合理把控,使教学过程不断得到优化。同时,教师的元认知能力会通过教学过程反映出来,这在一定程度上使学生在不知不觉中受到教师的影响,学生的元认知能力也随之得以培养。因此,高等数学教师应不断完善自身的元认知理论,教会学生如何思考问题以及更多解决问题的策略,积极引导学生对学习活动进行反思,以此促进元认知在高等数学教学中的作用得以有效发挥。

(二)优化课堂教学

课堂教学作为培养学生元认知能力的主要途径,教师应在课堂中充分渗透数学元认知知识,培养学生主动思考、勤于反思,使学生学习的积极性和主动性得以提升。想对课堂教学予以优化并将数学元认知渗透其中,需要教师主动构建民主型师生关系。教师在制作教学方案时,可以在各环节主动邀请学生共同参与,充分了解学生的需求并引导其提出问题,整合得出适合高等数学学习活动的教学资源及具体学习方案,提升学生的参与性与主观能动性。同时,教师还要对教学方法予以优化,采用多元化教学方式,以

此达到激发学生思考以及学习兴趣的教学目的。例如，可以采用启发式教学法、小组讨论法、指导练习法等。此外，教师还应引导学生加强高等数学知识的交流互动，在此过程中，充分渗透数学元认知知识，促进学生对自己的学习过程予以客观评价，并进行积极监控和调节。

（三）注重引导学生反思

高校教师应注重引导学生反思，使其对自身认知活动进行回顾、思考、总结、评价、调节，促进其自我反思、自我监控、自我调节能不断增强。当学生养成反思的习惯之后，元认知能力就可以得到较大程度的锻炼与提升。同时，通过反思，学生可以对自身的认知过程及认知经验进行有效总结，这对提升元认知知识以及元认知体验的丰富度有较大助益。因此，教师引导学生学会反思，是培养高校学生数学元认知能力的重要方式。具体而言，采取的反思方式和反思内容并不是固定不变的，包括学习态度、学习方法、学习计划等方面的反思，还包括数学知识和内容的反思以及数学学习思想、观念、方法等方面的反思。主动引导学生进行自我反思，对其高等数学知识学习具有较为深远的意义，尤其对元认知能力的培养，具有正向促进作用。

第三节 混合式教学在高等数学教学中的应用

按照教育改革的相关要求，要加快信息化进程，就需要加强对优质资源的开发和应用，开设网络教学课程，创新相应的教学模式。高等数学在工科类教学中具有非常重要的作用，有助于提高学生的逻辑思维能力，但是从近年的教学情况来看，教学工作中面临着诸多问题。因此，本节就将混合式教学在高等数学教学中的应用展开研究，以期推动教学改革的顺利实施。

一、混合式教学模式在高等数学教学中的应用优势

（一）培养学生的创新性

传统的教学模式主要是将重点放在理论知识的讲述中，然后按照一些固定的思维去解答题目，这同现实中的生活是脱节的。要知道，高等数学这门学科存在的目的，不只是要求学生掌握一些基础性的理论知识，还有培养学生的创新能力。混合式教学方法可以为学生构建一个立体化的情境，将核心放在一些重难点问题上，让学生积极参与到多媒体课件的制作中，然后从中体会到学习这门学科的乐趣。

（二）培养学生的主动性

高等数学具备一定的逻辑性，需要学生拥有极强的理解和想象能力，但是大多数学生没有意识到这门学科的特点，面对过于复杂的知识会产生消极的心理。同时，由于学生的水平不同，有些学生难以跟上整体的进度，这在一定程度上也阻碍了教学工作的顺利实施。而混合式教学借助视频、音频等多种方式，为不同层次的学生提供便捷的学习方式，在反复观看的过程中调动学生学习数学的主动性。

二、混合式教学模式在高等数学教学中的应用途径

（一）构建良好的发展环境，引导学生自觉利用网络进行自学

教师在应用混合式教学模式的时候，应该为学生构建一个完善的网络环境，加大对数字化和信息化资源的投入，引导学生自觉利用一些网络课程进行学习。例如，基于慕课的混合式教学，教师在课前就应该设计与安排好教学内容，让学生对所学知识有一个大概的认识，课堂上就某些重点问题进行深入的探讨和分析。第一阶段，教师要明确教学中的重难点，制作慕课的时候调整课程结构，确保教学内容的全面性，然后按照高等数学课程的相关要求，利用手写板和多媒体进行录制。第二阶段，学生按照自身的实际情况进行有针对性的预习，将学习过程中遇到的问题制作成小视频上传到慕课系统中，方便大家一同讨论。第三阶段，教师按照慕课视频中的知识点，结合大部分学生反馈的问题进行重点讲解，满足学生的基本需求。第四阶段，学生和教师可以在课后借助网络

进行互动，这实际上也是完善学生知识结构的一种有效途径。对课堂上的知识进行补充与说明，是知识积累的过程，也能提高学生自主性学习数学的水平。总之，慕课可以为教师和学生之间的交流构建一个有效的平台，调动学生的积极性，尽量让学生感觉到高等数学不再是一门非常困难的学科。

（二）教师运用科学的教学模式，起到引导作用

按照课程改革相关的要求，在高等数学教学中，教师应该加大信息技术同课程之间的整合力度，按照教学内容去使用一些全新的教学方法。如在课前运用信息化技术，提前推送预习的内容，帮助学生进行有针对性的听课，教师也要注意监控学生的预习效果，按照他们的实际情况将教学内容进行适当调整，通过信息技术及时对课堂进行评价与反馈，检查学生的学习效果。

实践教学是实现综合性人才发展的重要途径，也是培养学生创新能力的一种手段，针对不同专业的学生，就可以借助 MATLAB、SPSS 等软件，对全体学生开设一些基础性的实验板块。也可以在课外开设竞赛类的实验板块，让学生去真正接触一些实际中会应用到的数学知识，逐渐养成一个良好的习惯。此外，还可以利用大学生数学竞赛平台，通过以赛促教的方式，调动学生的学习兴趣，提高教师的教学能力，达到一个良好的教学效果。

借助项目进行教学的模式可以对学生进行辅导与培训，这样既能扩宽学生的视野，又能加强他们的时间管理理念，在相互协同中强化学生的探究和实践水平。

（三）优化教学过程，充分发挥评价反馈的优势

混合式教学模式应该有一个比较明确的教学目标，让学生可以掌握各个阶段的知识点，教师在制作微视频的时候，尽量将时间控制在 8—10 分钟，其中要包含计算方法，突出重点。然后在教师的指导下，学生自己在课前观看微视频，可按照自己的学习进度去选择暂停或是重复播放，完成以后进行分组讨论。例如教学函数的极限值时，教师让学生通过分组讨论总结出有理分式函数，找出了求得函数极限的方法，然后以小组为单位将答案交给教师，教师进行相应的整理与总结。接着让学生将本节课的知识点编写成一个小程序，在相互协作的过程中，让知识的应用变得愈加多样化，让枯燥的教学氛围变得更为简单和有趣。其实，混合式教学模式是教师和学生一同去完成的，学生在网络上了解相关知识，在观看微视频以后，通过小组讨论和教师的指导总结构建完整的知识

体系；教师也要按照学生的完成结构，建立教学档案，随时了解学生的学习状态。最后，教师做一个小测试，从两个班级中随机抽取学生进行相应的比较，这虽然是小样本的数据，但是在一定程度上也反映了学生对知识的掌握情况。

综上所述，混合式教学法的应用突破了传统的教学模式，不再受到时间与空间的限制，也将粉笔、黑板的课堂教学逐渐转入多元化的情境，提升了教学的针对性与有效性。同时，教师也应该按照学生的实际情况，秉承因材施教的基本原则，充分挖掘混合式教学的应用优势，为培养综合性人才奠定坚实的基础。

第四节 研究性教学在高等数学教学中的应用

高等数学不仅是各个高等院校的基础课，而且是很多学生的第一堂"大学课"，对这门课的第一印象，将会影响到他们未来三至四年对数学的学习兴趣与学习态度。有部分学生接受数学新知识的能力不强，欠缺运用数学新知识的能力，久而久之对数学课产生抵触情绪。还有部分学生认识不到数学的重要性，例如认为极限、积分、求导等数学概念太脱离实际、没有用，从而导致学习积极性不高。怎样解决这些问题，是各个高等院校在基础课的教学中所面临的一个共性问题。而通过研究性教学，在教与学的过程中充分发挥学生的主体性作用，让学生认识到数学的重要性，这在解决学习动力不足等方面有一定的积极作用，同时还能培养学生的创新能力，使其感受到学习数学、研究数学所带来的成就感。

一、研究性教学的必要性

高等数学是很多学生的基础课程，该课程致力于培养和提高学生的基本数学素养，同时为其他课程的学习打下良好的基础。高等数学课程不仅仅是传授数学知识，还能培养学生理性的"数学思维"，培养学生的创新能力和科学探索精神。根据以往的教学经验以及学生的反馈来看，大多数学生都有从中学到大学数学学习转换的一段适应期，这使得学生无法快速适应新的教学环境，进而影响后续的课程内容学习。

另外，学生的基础不一，对数学的兴趣不一，部分学生接受新知识的能力强，基础扎实，但也有一部分学生的接受能力较弱，基础薄弱。如果采用传统课堂的教学形式，无法兼顾不同层次学生的需求，将会使学生的两极分化更加严重。这种两极分化，很大程度上影响了教学质量和效果。

再者，在传统课堂上，教学以课本教材为主，以教师的"说教"为主，学生在课堂上更多的是扮演被动接受者的角色。对于数学这一抽象、发散性较强，还有着庞杂知识体系的学科，如果学生不能够对所学知识进行系统思考与重新建构，就很容易出现"捡了芝麻丢了西瓜"的情况。

为了解决上述问题，可以采用研究性教学模式，使学生参与到课程教学的设计过程中，在共同的探索活动中寻找学习数学的方法，从而让学生能够平稳地度过中学与大学阶段的转换期。学生对教学内容与教学形式有了更多的选择，有助于建立学生学习的自信心，提高其学习数学的积极性。如此，不仅能够让学生主动地对所学知识进行总结与思考，提高学生的数学素养，还能够提升学生的学习效果，增强创新意识，进而提升其个体的学习动力及创造力。

二、研究性教学的实施

（一）注重以掌握基础知识为导向的教学

良好的数学素养是学生未来进一步学习、深造的基础，掌握基础知识又是具有良好数学素养的基本体现，也是进行研究性教学的基础。新课的讲授包括基本概念、性质、意义和解法，教师在教学过程中既要加强基本概念的讲解、理论公式的推导，同时还要对知识产生的历史背景、理论基础、实际应用等展开全面化的介绍和分析，这不仅能拓展学生的知识广度，让学生认识到高等数学的重要性，还能够提高学生的数学文化素养。

（二）基于问题的学习模式

典型的研究性教学方法包括案例教学法、基于问题解决的教学等模式。数学作为一门服务于实践的重要学科，学生在生活和学习中会遇到许多与数学相关的现实问题。将这些问题应用于数学教学，会让学习处在有意义的情境之下，让学生在解决真实问题的过程中学习问题背后的数学知识。例如，在讲到转动惯量的内容时，由于理工科学生要学习物理学课程，这时可以将物理学课程中相应的问题引入。在具体实施过程中，教师可以根据教学安排，提出若干源于实际的问题，学生根据教师提供的问题、问题的难易程度和个人知识背景，或分组、或独立地探究和解决问题。教师要引导、督促学生主动查阅学习资料、文献，组织开展讨论会，最后将探究结果以书面报告或者幻灯片的形式展示。此外，还可以将成果做成小视频，以微课的形式发布在网上，供大家交流学习，以此来提高学生的积极性。通过这一方式培养学生获取知识的能力、自主学习的能力、创新思考的能力和综合运用知识的能力，提高学生的数学综合素质。

三、研究性教学的评价

开展研究性教学，需要对现有的评价机制做出一定的改变，新的评价体系应该服务于改善研究性教学的教学效果。以往的数学课评价，通常是以期末成绩作为评价基础，这一评价机制不能够全面反映学生的学习状态，而且忽视了学生本身的个体差异，不能够调动学生参与课堂的积极性。开展研究性教学，需要将对学生的评价贯穿于整个教学过程，要构建动态化、过程性的教学评价体系。在评价过程中，要充分结合学生的学习表现、参与小组的情况、理论知识水平的提升以及解决实际问题的能力等几个方面来进行综合性的评价。例如，对待欠缺数学基础的学生，教师要更加注重评价学生在获取知识、自主学习等方面的表现；而对待基础优良的学生，教师应更加注重评价学生的发散思维、创新思维等方面的能力。此外，还可以通过学生互评、小组互评、学生自评等方式进行评价，力求对学生进行多维度、全方位的评价，以促进学生各项素质的全面发展，从而进一步推进素质教育。

新的时代对高等数学的教学产生了新的要求，如今的教育不再单单是教会学生知识，而是全面提升各项能力。研究性教学模式有助于提高学生的自主学习能力、创新能力、分析问题和解决问题的能力，有助于全面发展学生的各项素质。

第五节 启发式教学在高等数学教学中的应用

启发式教学是一种重要的教学方式，它能充分调动学生学习高等数学的积极性和主动性，让学生能够养成主动思考问题、主动解决问题的习惯。本节结合高等数学教学大纲，探讨了启发式教学在高等数学课程中的应用。

一、启发式教学的特点

启发式教学适用于课堂教学的始终。现在的学生在数学课上注意力往往难以集中很长时间，所以在高等数学教学中，教师从新课的导入，到课堂中的提问，内容的讲解，课堂内容的板书设计，整个课堂内容都可以使用启发式教学方法。

（一）激发学生的学习兴趣和学习潜能

兴趣是最好的老师，是学生求知欲的外在表现，是促进学生思考、探索、创新，主动学习的原动力。因而在教学过程中，教师要努力挖掘教材，力求通过趣味性强或是易于引起兴趣的手段或方法引出教学内容，也可以通过知识点的前后联系或者知识点在生活中的应用场景来引出教学内容。在教学过程中，教师可以设置多次启发，把部分知识点串联起来，把学生的学习兴趣和学习潜能充分地调动和挖掘出来。

（二）以学生为主体进行教学

教师在教学过程中落实学生的主体地位，不去包办学生的学习，能够让学生明确自己是学习的主体，教师仅仅是帮助自己学习，在关键节点上指导自己。教学的目的是"授之以渔"，为学生今后的可持续发展打下坚实的基础。

二、以实际教学为例进行研究

在高等数学中，经常会遇到求解不规则平面的面积、旋转体的体积等问题；在物理学中，还有要求计算变力做功、液体压力等问题；在经济学中，常常需要计算成本、利润率等。上述问题用常规的方法是很难甚至是无法解决的，因此学生要学习处理这些问题的方法。在学习之前，教师可以通过一个问题启发学生："我们都会求三角形，梯形或多边形的面积，那么如何求曲边三角形的面积呢？"

启发式学习是一种积极的学习过程，主要指的是教师在学习过程中围绕一定的主题，寻找相应的资料，给予学生一定的场景，启发学生主动进行联想、自主构建解决问题的方法，自己探索答案并提出新的问题的学习方式。古希腊哲学家苏格拉底曾说，问题是接生婆，它帮助新思想的诞生。因此，教师的任务不仅仅是传播真理，更重要的是要做一个新思想的"产婆"，让学生带着一些问题去寻找学习新知识的方法，在教师引导和团队合作中成为学习新知识的主体。启发式教学要求学生在有一定的知识铺垫并且愿意学习的情况下充分发挥主观能动性，才能取得较好的教学效果。

三、启发式教学总结

（一）注重"启"和"试"相结合

在启发式教学中要注意学生学习的效果，不断对教学方式和方法进行改进，启发要和学生的学习效果相结合，启发的目的就是让学生提高学习的积极性，鼓励学生不断尝试，不论什么层次的学生，都可以享受到学习的乐趣，增强自信心，消除对高等数学课程的恐惧。教师不能"启而不发"也不能一直启发，要把握一个度和频次，及时观察学生的反应。

（二）精心备课

想要启发式教学发挥好的效果，教师就要做好充足准备，预先设计好启发的方式、内容，以及启发的时机，还要创设出一定的场景，营造出一个疑难情境，让学生感到一定的驱动力，激发学习积极性。教师在备课时还要注意将启发式教学模式和其他教学模式相结合，不能一味地只使用启发式教学模式。

（三）创设良好的教学氛围

在启发式教学中，教师应给予学生自由的空间和氛围，教师要对学生的好奇心和探索性行为以及任何探索迹象给予鼓励，让学生感到自由，没有压力，如此有助于学生发挥创造性，学生要敢于发表自己的意见，能够积极发言，主动和同班学生探讨问题，共同解决问题，营造出师生共同参与学习的民主、宽松与和谐的教学氛围。

（四）营造师生互动的气氛

在启发式教学过程中，师生互动就显得尤为重要。在互动过程中，学生会一直跟着教师的思路走，也会参与到教师提出的问题和教学环节中来，师生之间可以进行充分互动，营造出良好的学习气氛，使学生的思维发生碰撞，由此迸发出创造性的思维火花。通过互动，教师可以及时调整自己的授课思路和启发方式，使得教学效果更加明显，学习效果更好。

通过启发式教学，教师可以充分调动学生学习的积极性，学生能够主动学习，对知识点的掌握也会更加牢固，学生会一直跟着教师的授课思路进行思考，培养学生注意力集中、主动分析问题、团队协作的能力。启发式教学是我国传统教育思想的精髓，要不断进行总结提高，在学情发生变化的情况下进行改进。在启发式教学中，学生成为学习的主体，能充分发挥学生的主体能动性，调动学习的积极性，从而使教学质量得到保证。

第六节 数形结合在高等数学教学中的应用

简单来说，数形结合思想就是将数学图形与数量关系结合起来，通过相互转换来分析、解决相应的数学问题。高等数学中蕴含着十分丰富的数形结合数学观念，加之高等数学本身具有较强的抽象性与逻辑性，因此教师在具体的教学工作中，引导学生合理运用数学思想就是帮助学生掌握相应数学知识的关键。通过运用数形结合思想，不仅能够有效地降低高等数学知识的学习难度，还能够进一步培养学生的数学素质。本节以数形结合思想在高等数学教学中的应用价值为论述切入点，探究了数形结合思想的相关应用策略。

一、数形结合在高等数学中的应用价值

（一）深化理解数学概念

高等数学中不少数学概念都是通过抽象的数学语言来表达的，因此在理解数学概念的时候不少学生都较为吃力。但借助数形结合思想进行概念理解的话，则可以很好地帮助学生加深对于数学知识的理解及记忆。例如，教师在为学生讲解导数的相关概念时，教师可以先从变速直线运动的瞬时速度、平面曲线的切线斜率等实际问题着手，从变化的曲线、直线运动中概括出相应的数量关系，使得学生可以初步形成"导数的概念为变化率的极限"这一基本认识。又或者，教师在为学生讲解双曲抛物面的相关内容时，由于学生刚刚接触这部分内容，他们很难去理解双曲抛物面在笛卡儿坐标系中的方程及其构成图形。此时，教师就可以运用平行切割法将双曲抛物面形成的动态过程向学生进行展现与分析。高等数学知识概念相对抽象，且具有一定的逻辑性、层次性，因此教师在教学时，可以积极地借助几何图形来引导学生逐步观察、分析，最终以形助数，使学生完全掌握所学的数学概念与知识。

（二）直观解释数学定理

大多数学生认为高等数学知识学习难度较大的原因，是认为这门课程的相关内容与知识点比较烦琐，所要记忆、理解的定理与公式更是数不胜数。但在数形结合教学模式中，教师可以将抽象性的内容以具象化的情境或过程呈现在学生眼前，达到辅助学生学习的目的。例如，罗尔定理、拉格朗日中值定理与柯西中值定理的结论都是切线平行于弦，教师在为学生讲解罗尔定理的相关内容时，可以运用微课教学形式将相应的定理文字以直观形象的图例进行展示说明，以此有效激发学生的探究兴趣，活跃其思维。接着，为顺利地引出拉格朗日中值定理，教师还可以运用动画演示软件来倾斜图形，此时学生则能够更加积极地认识到"拉格朗日中值定理的一般情形是罗尔定理""拉格朗日中值定理更一般的情形是柯西中值定理"等数学定理间的联系。由此可见，借助数形结合数学思想，可以有效地反映出图形与数量之间的关系，而通过这样的教学形式，学生对于各定理之间的联系也更加了然于心，这对于提升其数学知识学习效率、学习质量均具有重要推动作用。

（三）增强学生求简意识

运用数形结合思想进行数学问题分析与解答，更有利于指导学生抓住数学本质，将复杂的数学问题简单化，从而提升解题效率，强化自身数学问题解题思路的形成。教师引导学生运用数形结合思想，借助图形直观或几何理念可使数量关系形象化，此时数学问题的解答也会变得更加简便。

二、数形结合在高等数学教学中的应用策略

（一）强化数形结合引导

在进行具体的高等数学知识教学时，教师自身应当有意识地引导学生利用数形结合思想分析、解决数学问题，无论是在讲解数学概念、解释数学定义、推导定理还是在解题计算时，教师都可以强调数形结合可有效降低学习难度、强化知识点记忆理解的应用优势。同时，在布置相应的数学习题时，教师也可以强调多运用数形结合来思考问题，以此加强教学引导，培养学生主动使用数形结合思想的习惯。

（二）利用信息化技术

信息化教学手段深受广大教师的喜爱，在高等数学教学工作中，教师也应当善于借助微课、云课堂等教学工具，以多媒体等多样化的信息手段运用数形结合展开教学。在信息化学习模式中，原本抽象化的内容变得具象，而数量关系与数学图形的结合、动态与静态的结合都使得所学的高等数学内容生动起来，有效降低了相关知识点的学习难度，学生在理解与接受后续的数学应用中也会更加得心应手。从另一角度上说，学生也可以根据自身的实际学习需求来调整学习速度。

（三）形成常态化教学

数形结合思想的培养不应当局限于某一知识点或者某一教学单元，而是应当覆盖学

生的高等数学学习全过程，使数形结合教学形成常态化，更有助于学生形成科学的数学思维。而教师在教学过程中应当善于挖掘教材中所蕴含的数形结合思想，并切实地从教学目标、教学内容、教学经过、课后练习等诸多环节有层次、分阶段地渗透数形结合思想。

综上所述，作为数学思想的重要组成部分，在高等数学教学工作中有机融合、渗透数形结合思想是每位教师都值得深入思考的重点课题，而利用数形结合开展高等数学教学，无疑也是极大地优化了学生们的学习过程，帮助学生充分提升了学习效率及质量，对于培养学生的数学学科素质具有重要的意义与价值。

参 考 文 献

[1]苏建伟.学生高等数学学习困难原因分析及教学对策[J].海南广播电视大学学报,2015(2).

[2]温启军,郭采眉,刘延喜.关于高等数学学习方法的研究[J].吉林省教育学院学报,2013(12).

[3]同济大学数学系.高等数学[M].北京:高等教育出版社,2014.

[4]黄创霞,谢永钦,秦桂香.试论高等数学研究性学习方法改革[J].大学教育,2014(11).

[5]刘涛.应用型本科院校高等数学教学存在的问题与改革策略[J].教育理论与实践,2016,36(24):47-49.

[6]徐利治.20世纪至21世纪数学发展趋势的回顾及展望(提纲)[J].数学教育学报,2000,9(1):1-4.

[7]徐利治.关于高等数学教育与教学改革的看法及建议[J].数学教育学报,2000,9(2):1-2,6.

[8]王立冬,马玉梅.关于高等数学教育改革的一些思考[J].数学教育学报,2006,15(2):100-102.

[9]张宝善.大学数学教学现状和分级教学平台构思[J].大学数学,2007,23(5):5-7.

[10]赵文才,包云霞.基于翻转课堂教学模式的高等数学教学案例研究——格林公式及其应用[J].教育教学论坛,2017(49):177-178.

[11]余健伟.浅谈高等数学课堂教学中的新课引入[J].新课程研究,2009(8):96-97.

[12]江雪萍.高等数学有效教学设计的探究[J].首都师范大学学报(自然科学版),2017(6):14-19.

[13]谌凤霞,陈娟."高等数学"教学改革的研究与实践[J].数学学习与研究,2019(7).

[14]王冲."互联网＋"背景下高等数学课程改革探索与实践[J].沧州师范学院学报,2019(01).

[15]王佳宁.浅谈高等数学课程的教学改革与实践研究[J].农家参谋,2019(5).

[16]茹原芳,朱永婷,汪鹏.新形势下高等数学课程教学改革与实践探究[J].教育教学论坛,2019(9).

[17]杨兵.高等数学教学中的素质培养[J].高等理科教育,2001(5):36-39.

[18]李文林.数学史概论[M].北京:高等教育出版社,2011.

[19]沈文选,杨清桃.数学史话览胜[M].哈尔滨:哈尔滨工业大学出版社,2008.

[20] 曲元海,宋文媛.关于数学课堂内涵的再思考[J].通化师范学院学报,2013,34(5):71-73.